零基础
五笔打字+电脑办公
从入门到精通

沛 林◎主编

CS K 湖南科学技术出版社 · 长沙

图书在版编目（ＣＩＰ）数据

零基础五笔打字＋电脑办公：从入门到精通 / 沛林主编 . ─ 长沙：湖南科学技术出版社，2024.1
ISBN 978-7-5710-2561-8

Ⅰ. ①零… Ⅱ. ①沛… Ⅲ. ①五笔字型输入法－基本知识②办公自动化－应用软件－基本知识 Ⅳ. ① TP391.14 ② TP317.1

中国国家版本馆 CIP 数据核字（2023）第 248401 号

LING JICHU WUBI DAZI+DIANNAO BANGONG CONG RUMEN DAO JINGTONG
零基础五笔打字＋电脑办公 从入门到精通
主　　编：沛　林
出 版 人：潘晓山
责任编辑：杨　林
出版发行：湖南科学技术出版社
社　　址：湖南省长沙市开福区芙蓉中路一段 416 号泊富国际金融中心 40 楼
网　　址：http://www.hnstp.com
印　　刷：唐山楠萍印务有限公司
　　　　　（印装质量问题请直接与本厂联系）
厂　　址：唐山市芦台经济开发区场部
邮　　编：063000
版　　次：2024 年 1 月第 1 版
印　　次：2024 年 1 月第 1 次印刷
开　　本：710mm×1000mm　1/16
印　　张：15
字　　数：270 千字
书　　号：ISBN 978-7-5710-2561-8
定　　价：59.00 元

进入信息化时代以后，电脑成了人们工作和生活中必不可少的工具之一，熟练掌握电脑办公软件，快速输入汉字，不仅能极大地提高处理文字的效率，更能提高工作效率。

《零基础五笔打字+电脑办公 从入门到精通》旨在帮助读者熟练掌握五笔打字，学会电脑办公软件的基础操作。为此我们设置了认识电脑办公和Windows11、认识五笔打字、了解五笔打字字根、汉字拆分规则、五笔打字输入规则、Word文档的操作、Excel的操作、PPT演示文稿的制作等多个章节，全面介绍了五笔打字和电脑办公相关的知识和技巧，可以满足广大读者的办公需求，让工作变得更轻松、更有效率！

本书图文并茂、通俗易懂、案例翔实、条理清晰。讲解五笔打字时，为读者呈现了详细的字根图和汉字拆分图，还有汉字的五笔编码。讲解电脑办公软件时，每项知识的应用都有详细的文字描述，并辅以步骤图，通过实例进行讲解，零基础读者也能在短时间内掌握五笔打字和电脑办公。

本书以实用性、典型性为编写宗旨，知识体系非常全面，本书的特点包括：

◆ 语言简洁，内容清晰

本书采用简洁的语言讲述各项知识，内容详细、清晰，读者一看就能学会，容易上机操作。

◆ 循序渐进，轻松学习

本书中的知识从基础入手，循序渐进，由易到难，学习起来非常轻松。

◆ 一步一图，图文并茂

本书在讲解五笔打字时都有详细的图片和表格，每讲解一个办公技能，都会有详细的步骤，且每个步骤下面都配有图片，图片上还有每项操作的序号，读者在利用本书学习的过程中，能够清晰、直观地看到具体的操作步骤和效果，非常方便。

◆ 实例为主，学以致用

在讲解过程中，每个知识点都采用实例讲解，能够帮助读者快速实现学以致用。

希望本书能够成为读者学习五笔打字、熟练掌握电脑操作的良师益友，为读者在办公中提供便利，帮助读者在职场中取得更加出色的表现。相信通过学习本书，读者不仅可以快速掌握五笔打字和电脑办公的相关技能，还能领悟出一些技巧和窍门，最终找到适合自己的办公方式，提高工作效率和质量，促进个人的职业发展。

在本书编写过程中，我们尽力保证内容的准确性和全面性，但由于编者水平有限以及时间限制，难免存在一些不足之处。因此，我们非常希望读者能够提出宝贵的意见和建议，帮助我们不断改进和完善本书，以便更好地满足读者的需求。同时，我们也会认真倾听读者的反馈意见，不断改进和升级本书的内容和质量，让读者获得更好的学习体验和使用效果。

目 录
CONTENTS

第8章 PPT演示文稿的制作

Chapter

01

第1章

认识电脑办公和
Windows11

电脑办公是目前使用较为广泛的办公方式，能极大地提高办公效率，节约人力成本，广受人们的喜爱。使用电脑办公时以及学习与电脑相关的操作时，离不开操作系统。Windows11作为微软公司最新发布的操作系统，简单易用，功能强大，深受广大用户喜爱。本章主要讲解电脑办公的基础操作和Windows11相关的知识。

学习要点：★掌握电脑的基本操作

★学习电脑办公

★了解Windows系统的相关操作

1.1 电脑的基本操作

开启、重启、关闭电脑是用户学习电脑相关操作的入门知识，本节将详细介绍该部分内容。

1.1.1 开启电脑

开启电脑的操作步骤如下：

1️⃣ 单击电脑显示器右下角的【电源】按钮，如图1-1所示。

图 1-1

2️⃣ 按主机上的【电源】按钮，如图1-2所示。

图 1-2

3️⃣ 电脑启动后会先进入Windows11系统加载界面，然后成功进入Windows系统桌面，如图1-3所示。

图 1-3

1.1.2 重启电脑

重启电脑的操作步骤如下：

1 单击屏幕下方的【■】按钮，弹出【开始】菜单后选择【电源】按钮，如图1-4所示。

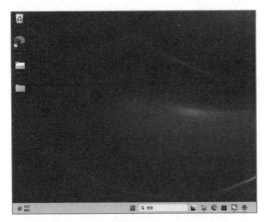

图 1-4

2 在弹出的扩展菜单中选择【重启】命令，即可重新启动电脑，如图1-5所示。

图 1-5

1.1.3 关闭电脑

关闭电脑的操作步骤如下：

1 单击屏幕下方的【▦】按钮，在弹出的【开始】菜单中选择【电源】按钮，在弹出的扩展菜单中选择【关机】命令，如图1-6所示。

图 1-6

2 上述操作执行完毕后，电脑将停止运行，主机会自动关闭，然后再关闭电脑显示屏及其他设备的电源，关闭电脑的操作就算完成了。

特殊情况下，如果执行关闭电脑的操作后，电脑无任何反应，我们可以使用【Ctrl+Alt+Delete】组合键进入关闭电脑的界面，然后单击界面右下角的【⏻】按钮。

1.2 学习电脑办公

电脑办公是指员工在处理工作时以电脑为中心，并采用先进的办公设备和通信技术，处理、收集信息后，解决工作上的各项事务，以提高办事效率。本节将详细介绍与电脑办公相关的知识。

1.2.1 电脑办公的优点

1.提高办公效率

使用电脑办公时，能让原本繁杂的工作变得简便，只需轻轻点击几下鼠标就能完成工作，具有高效、方便、快捷的优点，极大地提高了办公效率。

2.减少办公费用

电脑出现之前，工作人员秉承着"上传下达"的理念，将纸质文件一级一级地下发，路程较远时需要邮寄，这中间需要花费的邮费、路费、人力、物力等是不可避免的。而电脑办公是一种无纸化办公，除了能提高办公效率，还能降低各项费用，减少了传真机、复印机用纸以及订书钉等办公用品的使用量，从而削减了巨额的办公费用。如此一来，邮费、路费等方面的支出自然也会大大减少。

3.实现局域网办公

企业建立内部局域网后，可实现局域网内部的信息和资源共享，员工之间的交流变得更加方便。除此之外，局域网办公更利于数据的安全。

4.实现知识传播

电脑办公能够将企业的知识进行高效管理、传播、应用、积累等，能有效防止因管理人员的离职而导致知识流失。

5.提高企业竞争力

电脑办公让普通职员与上级之间的交流变得更加方便、密切，能及时向上级反馈各种问题，使问题在极短的时间内得到解决，为发挥员工的积极性、主动性提供了支持，可有效提高企业凝聚力和竞争力。

1.2.2　电脑办公常用设备

电脑办公中常用的设备有台式电脑、一体机电脑、笔记本电脑、平板电脑、智能手机、智能手表等，如图 1-7、1-8、1-9、1-10、1-11、1-12 所示。

图 1-7

图 1-8

图 1-9

图 1-10

图 1-11

图 1-12

利用电脑办公时，除了使用电脑、手机等设备外还可以使用其他设备，进而充分发挥电脑的优异性能，提高工作效率，如：打印机、复印机和扫描机。

◆打印机：是输出设备之一，在电脑办公中，是必不可少的一部分。一般情况下，只要是使用电脑办公的企业都会配备打印机。这样一来，职工使用电脑将相应的文档、图片编辑好后，能直接打印在纸上，方便使用及向其他部门传送。

◆复印机：就是静电复印机，是能将原稿等倍、放大或缩小的设备。与传统的铅字印刷、蜡纸油印、胶印等相比，具有操作简单、复印速度快的优点，且无须经过其他制版等中间手段就能通过原稿获得复印品。

◆扫描仪：能将稿件上的图像或文字输入到电脑中。扫描仪能将图像文本通过一定的软件转化为电脑能够识别的文本文件，极大地节省了将文字输入电脑的时间，提高了工作效率。

目前，一台机器可具备多种功能，集打印、复印、扫描于一体，如图 1-13 所示。

图 1-13

实用贴士

　　对电脑来说，最基本的硬件设备包括 CPU、内存、主板、硬盘、显卡、显示器、键盘、鼠标、电源等。

1.2.3 电脑办公常用软件

　　能够处理文字、制作表格、制作演示文稿、处理图形图像、处理数据等的软件就叫办公软件，常用的办公软件有微软 Office 系列、金山 WPS 系列等。

1.3 了解Windows11系统

　　Windows11 系统，与以前的版本相比，发生了不小的变化，接下来将详细介绍 Windows11 相关的知识。

1.3.1 桌面的组成

　　Windows11 系统的桌面由三部分组成，即桌面背景、桌面图标、任务栏，如图 1-14 所示。

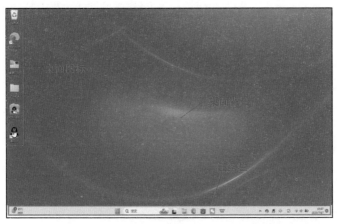

图 1-14

1.3.2　更改桌面背景

　　桌面背景就是桌面的背景图片，Windows11 操作系统中提供了多种背景图片，用户可以随意更换，还可以将电脑中保存的图片文件设置为桌面背景，以保存在桌面的图片文件《蓝天》为例，操作步骤如下：

1　在桌面空白处单击鼠标右键，在弹出的快捷菜单中选择【个性化】命令，如图1-15所示。

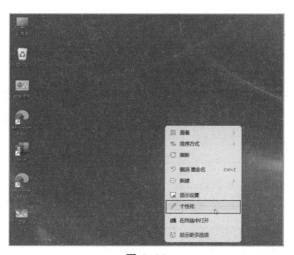

图 1-15

2　在弹出的【设置-个性化】窗口中单击【背景】选项，如图1-16所示。

图 1-16

3 弹出【个性化>背景】窗口，单击【浏览照片】按钮，如图1-17所示。

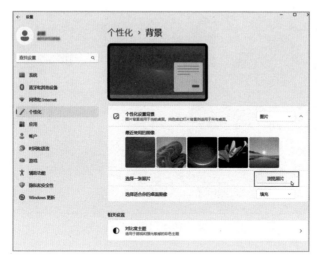

图 1-17

4 打开【打开】对话框，在合适的位置选择图片，此处选择【桌面】，然后选择名称为【蓝天】的图片，然后单击【选择图片】按钮，如图1-18所示。

图 1-18

5　更换后的效果如图1-19所示。

图 1-19

1.3.3　桌面图标相关操作

1.添加系统桌面图标

通常情况下，桌面图标有两种，一种是系统桌面图标，一种是应用程序桌面图标。安装完Windows11系统后，桌面只有一个【回收站】系统图标，用户可以使用下面的方法让相应的系统图标显示出来，操作步骤如下：

1　在桌面任意空白处，单击鼠标右键，在弹出的快捷菜单中选择【个性化】命令，如图1-20所示。

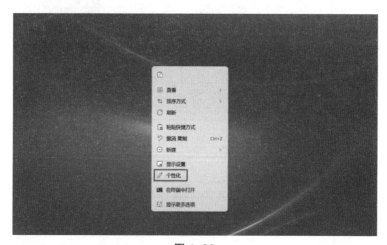

图 1-20

2　弹出【设置-个性化】窗口，在此窗口中选择【主题】选项，如图1-21
　　所示。

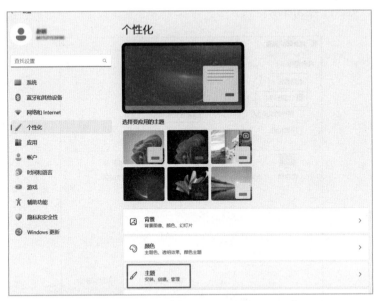

图 1-21

3　弹出【个性化>主题】界面，单击【桌面图标设置】选项，如图1-22
　　所示。

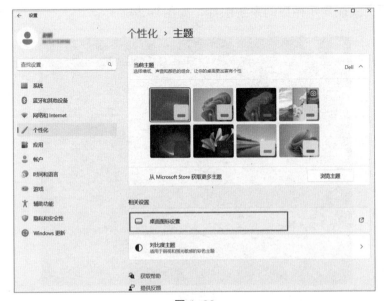

图 1-22

4　弹出【桌面图标设置】对话框，在【桌面图标】栏中选择需要显示的系统图标，此处选择【计算机】【控制面板】复选框，最后单击【确定】按钮，如图1-23所示。

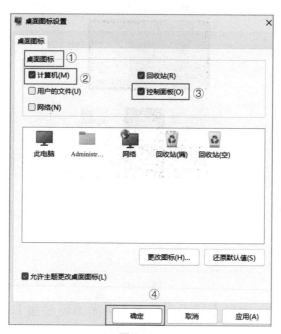

图 1-23

5　桌面上就能显示相应的系统图标，如图1-24所示。

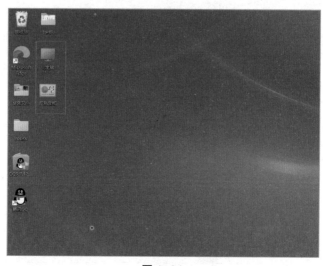

图 1-24

2.添加应用程序桌面图标

添加应用程序桌面图标的操作步骤如下：

1 单击【 ■ 】按钮，打开【开始】菜单，单击【所有应用】按钮，如图
1−25所示。

图 1−25

2 打开【所有应用】程序列表，在任一个应用程序上单击鼠标右键，此处
选择【Excel】，在弹出的快捷菜单中选择【更多】→【打开文件位置】
命令，如图1−26所示。

3 在打开的文件夹中，右击【Excel】图标，在弹出的快捷菜单中单击【显
示更多选项】命令，如图1−27所示。

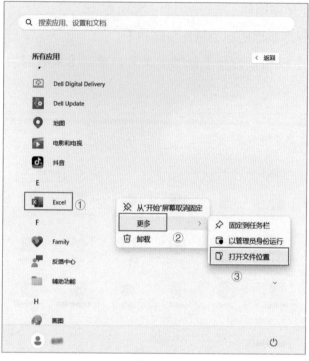

图 1-26

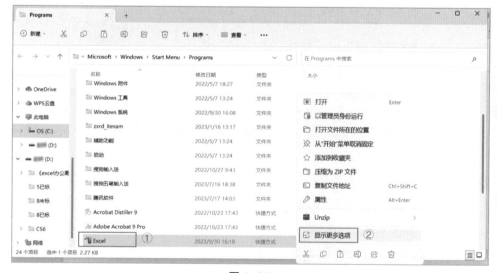

图 1-27

4 在弹出的快捷菜单中选择【发送到】命令，再选择【桌面快捷方式】按钮，如图1-28所示。

图 1-28

5　返回桌面可以看到桌面上新添加的【Excel】图标，如图1-29所示。

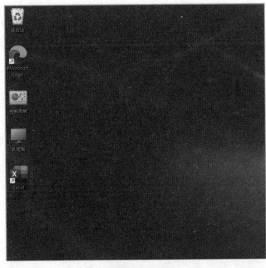

图 1-29

3.更改桌面图标大小

更改桌面图标的大小的操作步骤如下:

1️⃣ 在桌面任意空白处单击鼠标右键,在弹出的快捷菜单中选择【查看】命令,在弹出的扩展菜单中选择【小图标】命令,如图1-30所示。

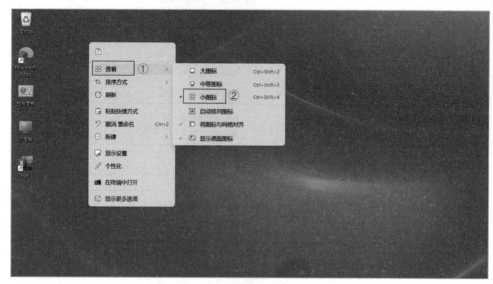

图 1-30

2️⃣ 图标更改大小后的效果如图1-31所示。

图 1-31

4.更改桌面图标排列方式

更改桌面图标排列方式的操作步骤如下：

1 在桌面任意空白处单击鼠标右键，在弹出的快捷菜单中选择【排序方式】命令，在弹出的扩展菜单中选择合适的排序方式，此处选择【名称】命令，如图1-32所示。

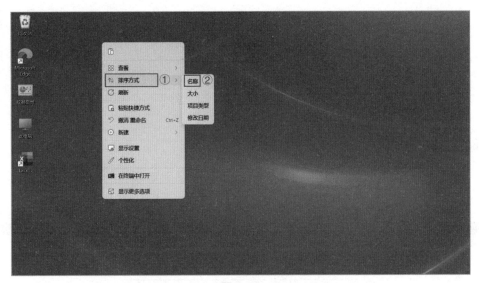

图 1-32

2 更改完桌面图标排列方式后的效果如图1-33所示。

图 1-33

Windows11 系统提供了几种不同的桌面图标排序方式，即名称、大小、项目类型、修改日期。

按名称是指将图标英文字母或汉字拼音按 A 到 Z 的顺序进行排列。

按大小是指按对象的大小进行排序。

按类型是指将类型相同的图标排列在一起。

按修改日期是指根据对象修改时间的先后顺序进行排序。

1.3.4　将图标添加到任务栏中

任务栏是位于桌面底端的水平长条，由一系列功能组件组成，我们可以将图标添加到任务栏中，操作步骤如下：

1　单击【▦】按钮，在打开的【开始】菜单中单击【所有应用】按钮，如图 1-34所示。

图 1-34

② 在打开的【所有应用】菜单中找到需要添加到任务栏中的图标，此处选
择【日历】，在此选项中单击鼠标右键，在弹出的快捷菜单中选择【更
多】命令，在弹出的扩展菜单中选择【固定到任务栏】命令，如图1-35
所示。

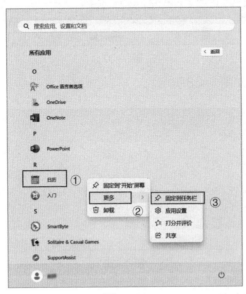

图 1-35

③ 返回桌面就能在任务栏中看到固定的【日历】图标，如图1-36所示。

图 1-36

④ 如果想将该图标从任务栏中取消，则在【日历】图标上单击鼠标右键，
在弹出的快捷菜单中选择【从任务栏取消固定】命令，如图1-37所示。

图 1-37

5 取消后的效果如图1-38所示。

图 1-38

1.3.5 窗口相关操作

1.更改窗口显示方式

窗口的显示方式一共有三种，分别是全屏显示、占屏幕的一部分显示、隐藏窗口，这三种显示方式对应着三种操作，分别是最大化、还原和最小化。

1 打开一个空白Word文档，最小化和还原按钮如图1-39所示。

图 1-39

2 单击【还原】按钮后，文档中会出现【最大化】按钮，如图1-40所示。

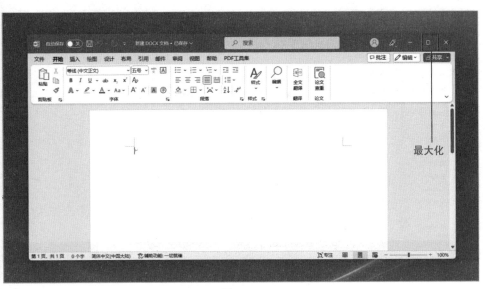

图 1-40

2.移动窗口

移动窗口的操作步骤如下：

1 打开任意一个图标，此处双击【此电脑】图标，打开【此电脑】窗口，将鼠标指针放在窗口顶部的空白区域，按住鼠标左键移动即可，如图1-41所示。

图 1-41

2 移动后的效果如图1-42所示。

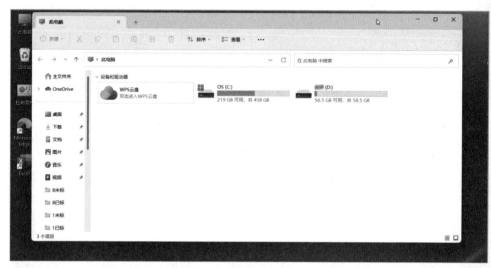

图 1-42

3.缩放窗口

缩放窗口的操作步骤如下：

1 打开任意一个图标，此处双击【此电脑】图标，打开【此电脑】窗口，将鼠标指针移动到窗口的四个边上，或者四个角上，此处移动到【此电脑】窗口的右下角，待鼠标指针变成双向箭头形状，如图1-43所示。

图 1-43

2 按住鼠标左键并将窗口缩放至合适的大小，效果如图1-44所示。

图 1-44

4.关闭窗口

关闭窗口的操作步骤如下：

双击【此电脑】图标，打开【此电脑】窗口，可以单击窗口标题栏中的【✕】按钮，如图 1-45 所示。

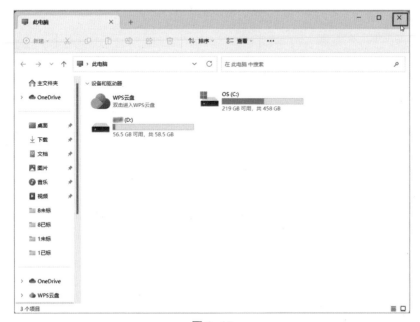

图 1-45

还可以将鼠标指针放在窗口上面的空白区域处，单击鼠标右键，在弹出的快捷菜单中选择【关闭】命令，如图 1-46 所示。

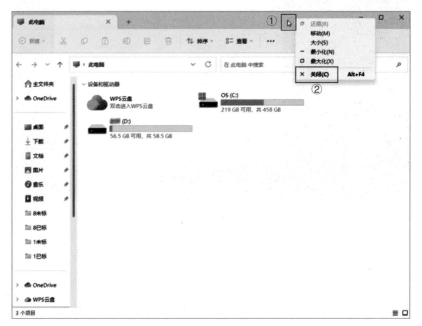

图 1-46

Chapter

02

第 2 章

认识五笔打字

 导读 ▷

　　五笔打字是在五笔输入法的帮助下完成的，五笔输入法是形码输入法的一种。五笔打字输入汉字的效率和准确度都非常高，但学习难度比较大。要想学好五笔打字就必须学习与五笔打字相关的编码、字根等知识，本章将详细介绍该部分内容。

学习要点：★了解五笔打字
　　　　　★学习五笔打字的入门知识
　　　　　★掌握汉字的五笔编码

2.1 快速了解五笔打字

五笔打字有其独有的特征和优点，本节将详细介绍该部分内容。

2.1.1 五笔打字的特征

五笔输入法有其独特的输入方法和输入规则，是一种高效率的汉字输入法，它独有的特征主要表现在三个方面，分别是：

◆以书写结构进行编码：五笔输入法以汉字的书写结构进行编码，无须知道汉字的读音，只要知道这个汉字是怎么写的，就能准确输入，且正确率较高。

◆不仅能输入单字，还能输入词汇：不管是多复杂的汉字，只要是使用五笔输入法击打 4 次按键就能输入汉字。除此之外，字与词汇之间，不要任何其他的附加操作，极大地提高了输入汉字的速度。

◆编码的唯一性较好：五笔输入法是根据汉字的形来设计的编码方法，编码具有唯一性，重码率较低，适合各类工作人员使用。

2.1.2 五笔打字的优点

与拼音输入法相比，五笔输入法具有众多优点：

◆击键次数少：拼音输入法需要输入完整的汉字或词组的拼音字母，再按空格键确认，才能出现相应的汉字和词组。对于五笔输入法而言，不管是汉字还是词组，最多只需要 4 次击键，只有编码不足 4 位时，才会加按空格键确认。

◆不受方言限制：不同的地方有着不同的方言，且发音也大不相同，所以在使用拼音输入法时很有可能因为方言的原因输入错误的汉字，而五笔输入法只根据汉字的书写笔画进行编码，因此无须顾忌汉字的读音，就能输入正确的汉字。

◆重码率低：汉字具有较多的同音字，由于在使用拼音输入法时无法使用声调，所以同一个编码出现的候选字可能多达几十个，因此必须通过按键进行选择。而五笔输入法是根据汉字的书写结构进行的编码，所以同一个编码很少出现重码，因此节省了在候选字中进行选择的时间。

> 当用户熟练掌握五笔打字相关知识后，只要记住按键在键盘上的位置，再加上指法练习手感，在不看键盘的情况下就能敲击出正确的汉字来，这就是盲打。

2.2 五笔打字的入门

本节将以搜狗五笔打字输入法为例，详细介绍五笔打字输入法的安装，以及输入法的状态条。

2.2.1 安装搜狗五笔打字输入法

安装搜狗五笔打字输入法的操作步骤如下：

1 在电脑中找到需要安装的搜狗五笔输入法安装包，此处在电脑桌面中双击【搜狗输入法】安装包图标，如图2-1所示。

图 2-1

2 弹出【搜狗五笔输入法5.5正式版安装向导】界面，单击【立即安装】，如图2-2所示。

3 最后出现【恭喜您！安装成功！】界面，此时搜狗五笔输入法就安装成功了，如图2-3所示。

图 2-2

图 2-3

2.2.2 输入法的状态条

搜狗五笔输入法的状态条如图 2-4 所示。

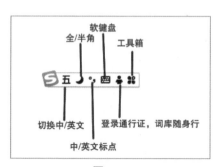

图 2-4

实用贴士

　　默认情况下，搜狗五笔的输入状态为中文，要想切换至英文输入状态，则可以单击【切换中／英文】按钮【五】或者按【Shift】键。全角标点占两个字符，半角标点占一个字符，在搜狗五笔输入法状态条中单击【全／半角】按钮【】或者按【Shift+空格键】组合键，就能完成全半角的切换。

2.3 汉字的五笔编码

五笔编码根据汉字的基本结构将一个字拆分成多个小部分，这些小部分与键盘联系在一起，可以通过按键组合输入正确的汉字，本节将详细介绍五笔编码。

2.3.1 汉字的3个层次

1.笔画

笔画是指书写汉字时不间断写成的一个线条，即通常所说的"横、竖、撇、捺、折"。每个汉字都是由这五种笔画组合而成的。

2.字根的含义

字根是指由若干笔画交叉复合而形成的相对固定的结构，它是构成汉字最基本的单位。例如，"洋"字由"氵"和"羊"组成，这里所说的"氵"和"羊"就是字根。

3.文字

将字根按一定的位置组合起来就成了汉字例如，将字根"木""勾"组合起来就形成了汉字"构"。

实用贴士

汉字的结构复杂，笔画烦琐，但所有的汉字都具有一个共同特性：无论多复杂的汉字都是由笔画组成的，由基本笔画构成汉字的偏旁部首，再由基本笔画及偏旁部首组成单个汉字，这是不会改变的。在五笔输入法中，通常可以将汉字的构成划分为三个层次：笔画、字根和文字。

2.3.2 汉字的5种笔画

在五笔字型输入法中，汉字的基本笔画分为"横（一）、竖（丨）、撇（丿）、捺（丶）、折（乙）"五种，分别用数字"1、2、3、4、5"作为代号，如表2-1所示。

表 2-1

代码	名称	笔画走向	笔画及变形
1	横	左→右	一、丿
2	竖	上→下	丨、亅
3	撇	右上→左下	丿
4	捺	左上→右下	丶
5	折	带转折	乙、乚、一、乛、乛

2.3.3 汉字的3种结构

1.左右型

左右型汉字按其组成结构可分为双合字和三合字两种，如表2-2所示。

表 2-2

字型	结构	解释	图示	字例
左右型	双合字	一个字可以明显地分成左、右两部分且两部分之间有一定的距离，每一部分由一个或几个字根组成		对、你、很、灯
	三合字	一个字由左、中、右三部分构成		湖、侧、冽

续表

字型	结构	解释	图示	字例
左右型	三合字	分成左、右两部分，其间有一定距离，而其中的左侧又可以分为上、下两部分		邵、数
	三合字	分成左、右两部分，其间有一定距离，而其中的右侧又可以分为上、下两部分		涅、流

2.上下型

上下型汉字是指能分成有一定距离的上、下两部分，或上、中、下三部分的汉字。上下型汉字也可分为双合字和三合字，如表2-3所示。

表2-3

字型	结构	解释	图示	字例
上下型	双合字	上下型汉字是指能分成有一定距离的上、下两部分		呈、全、类
	三合字	是上、中、下三部分的汉字		哀、意
	三合字	或者分为上、下两部分，但下面又可分为左、右两部分		森、淼、荡
	三合字	或者分为上、下两部分，但上面又可分为左、右两部分		怒、型

3.杂合型

与左右型和上下型汉字相比，杂合型汉字稍微复杂一些。组成杂合型汉字的字根之间虽然也有一定间距，但没有明显的上下、左右之分，主要包括以下几种情况，如表2-4所示。

表2-4

字型	结构	解释	图示	字例
杂合型	独体字	一个完整的汉字之间没有明显的结构位置关系，无法明确分出左右、上下关系。比如汉字中的独体字、全包围结构的字和半包围结构的字，这样结构的字根之间虽然有间距，但总体呈一体		口、小、日
	全包围			囯、困
	半包围			凶
	半包围			风、同
	半包围			勺

除此之外，还有一些比较特殊的杂合型汉字，如下所示：

◆含"辶""走""廴"的汉字也属杂合型，如"过""赶""延"等字。

◆字根交叉重叠构成的汉字也属于杂合型，如"东""申"等字。

◆一个基本字根之前或之后有孤立点的情况也视为杂合型，如"术""勺""主""斗"等字。

◆有的汉字是由一个基本字根和一个单笔画组成的，这类汉字也被视为杂合型，如"尺""且"等字。

Chapter

03

第 3 章
了解五笔打字字根

字根是由基本笔画组成的基本的结构单元，就像汉字的偏旁部首，同时也是对汉字拆分后得出的结果。在五笔输入法中，字根是汉字的基本组成部分，更是正确输入汉字的根本。本节将详细介绍与字根相关的各项知识。

学习要点：★学习字根相关的知识
　　　　　★掌握五笔键盘的分区和字根
　　　　　★学习记忆五笔字根的方法

3.1 字根相关知识

在学习字根之前先了解字根的区和位，以及字根的分布规律，本节将详细介绍该部分内容。

3.1.1 字根的区和位

字根是由构成汉字的笔画组成的最基本的结构单元，与汉字的偏旁部首非常相似，是对汉字结构进行拆分后得出的。在五笔输入法中，字根组成汉字的基础，也是输入汉字的重要编码，一个汉字中最少有一个字根，大多数汉字有两个以上的字根。为了方便用户记忆字根，五笔输入法将键盘中的字母键（除了 Z 键）进行了区位划分，如表 3-1 所示。

表 3-1

区号位号		1	2	3	4	5
横区（一）	1 区	G（11）	F（12）	D（13）	S（14）	A（15）
竖区（丨）	2 区	H（21）	J（22）	K（23）	L（24）	M（25）
撇区（丿）	3 区	T（31）	R（32）	E（33）	W（34）	Q（35）
捺区（丶）	4 区	Y（41）	U（42）	I（43）	O（44）	P（45）
折区（乙）	5 区	N（51）	B（52）	V（53）	C（54）	X（55）

区是根据 5 种笔画进行划分的，包括横区（1 区）、竖区（2 区）、撇区（3 区）、捺区（4 区）、折区（5 区）。

位是对各区中每个按键进行的编码，比如 1 区中的第二个字母 F 的位号就是"2"，第三个字母 D 的位号就是"3"；也就是说，F 的区位号是"12"，D 的区位号是"13"。

实用贴士

区位号并不是凭空产生的、毫无用处的，他的作用是定位字根所在的区以及相应键位。除此之外，位号与每区内起始字根的分布还有一个特殊的规律：每个键位的位号就是该键位所对应的起始笔画的数量。

3.1.2 字根的分布规律

1.外形相似的字根通常在同一键位上

部分外形相似的字根通常被安排在同一键位上，如【L】键上的"田、甲、四、皿"，如图3-1所示；【U】键上的"立、六、辛、门"，如图3-2所示。

图3-1 图3-2

2.字根的第一个笔画就是该字根所在区

如"木"的第一个笔画为横，该字根所在的区为1区，如图3-3所示；"禾"的第一个笔画为撇，该字根所在的区为3区，如图3-4所示。

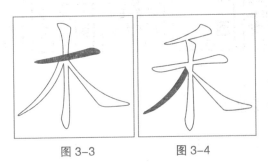

图3-3 图3-4

3.次笔笔画代码与所在位号一致

字根次笔笔画的代码决定了它所在的位，如"冂"的起笔位"丨"，如图 3-5 所示；次笔为"乛"，如图 3-6 所示，该字根位于 2 区 5 位。

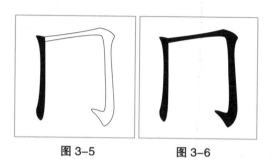

图 3-5　　　　　图 3-6

3.2　五笔键盘的分区和字根

字根在键盘上主要有 5 个区，分别是横区字根、竖区字根、撇区字根、捺区字根、折区字根，本节将详细介绍这部分内容。

3.2.1　横区（1区）

横区包括【G】【F】【D】【S】【A】5 个按键，字根大多数以横起笔，此区中每个字母键所对应的字根如图 3-7 所示。

图 3-7

3.2.2　竖区（2区）

竖区包括【H】【J】【K】【L】【M】5 个按键，字根大多数以竖起笔，此区中每个字母键所对应的字根如图 3-8 所示。

图 3-8

实用贴士

　　五笔输入法在所有字根中挑出 100 多个字根称为基本字根，剩余的字根为非基本字根，非基本字根能够拆分成基本字根。在 100 多个基本字根中，能单独构成一个汉字的字根，如"木"，称为成字字根，不能单独构成汉字的字根，如"宀"，称为非成字字根。

3.2.3　撇区（3区）

　　撇区包括【T】【R】【E】【W】【Q】5 个按键，字根大多数以撇起笔，此区中每个字母键所对应的字根如图 3-9 所示。

图 3-9

3.2.4　捺区（4区）

　　捺区包括【Y】【U】【I】【O】【P】5 个按键，字根大多数以捺起笔，此区中每个字母键所对应的字根如图 3-10 所示。

图 3-10

3.2.5 折区（5区）

折区包括【N】【B】【V】【C】【X】5 个按键，字根大多数以折起笔，此区中每个字母键所对应的字根如图 3-11 所示。

图 3-11

3.3 记忆五笔字根的方法

五笔字型输入法将每个键上的字根都编进了一套助记词中，用户在学习字根时可以先熟记助记词，这样方便我们学习并记住字根。本节将详细介绍该部分内容。

3.3.1 通过口诀记忆

助记词如下：

1. 1区横起笔

11G：王旁青头戈（兼）五一。

12F：土士二干十寸雨。

13D：大犬三羊（"羊"指没有上面两点的羊字底）古石厂。

14S：木丁西。

15A：工戈草头右框七（"右框"即"匚"）。

2.2区竖起笔

21H：目具上止卜虎皮。

22J：日早两竖与虫依。

23K：口与川，字根稀。

24L：田甲方框四车力（"方框"即"囗"）。

25M：山由贝骨下框几。

3.3区撇起笔

31T：禾竹一撇双人立，反文条头共三一（"条头"即"夂"）。

32R：白手看头三二斤。

33E：月彡（衫）乃用家衣底。

34W：人和八，三四里。

35Q：金勺缺点无尾鱼，犬旁留叉（乂）儿一点夕，氏无七（妻）。

4.4区捺（点）起笔

41Y：言文方广在四一，高头一捺谁人去。

42U：立辛两点六门疒（病）。

43I：水旁兴头小倒立。

44O：火业头，四点米。

45P：之宝盖，摘礻（示）衤（衣）。

5.5区折起笔

51N：已半巳满不出己，左框折尸心和羽。

52B：子耳了也框向上。

53V：女刀九臼山朝西（彐）。

54C：又巴马，丢矢矣（厶）。

55X：慈母无心弓和匕，幼无力（幺）。

实用贴士

　　一般情况下，软件默认的是86版五笔，以搜狗输入法为例，如果用户想改成98版或新世纪版，可以先点击状态条上的【❖】，进入【搜狗工具箱】后，点击【⚙】，就能在弹出的【属性设置】界面中更换五笔版本。

3.3.2　上机练习

1.金山打字通

　　金山打字通是由金山公司推出的，集数据丰富、界面美观、集练习与测试于一体的教育软件，也是用户学习打字的必备工具之一。金山打字通向用户提供了英文、拼音、五笔和数字符号等多种输入练习，能根据用户的水平定制一套完整的练习课程，帮助用户快速上手。

2.五笔打字通

　　五笔打字通是一款专门为学习五笔输入法的用户设计的练习软件，不用特意学习就能上手操作。与其他学习五笔打字输入法的软件相比，该软件向用户提供了强大的帮助，用户输入汉字时能给予汉字拆分提示、键盘提示、声音提示和编码提示等，极大地降低了用户学习五笔打字的难度。用户只需勤加练习，就能在短时间内掌握五笔输入法。

3.打字高手

　　打字高手软件有五笔字型专业培训考核功能，该软件强大实用、操作简单、稳定可靠。打字高手有指法训练的手形演示，能让用户快速掌握指法及规范指法，如果用户感觉学习五笔打字的过程有些枯燥，打字高手提供了新颖、有趣、独特的打字游戏，不仅能缓解疲劳，还能让用户在玩乐中学会五笔打字。

Chapter

04

第 4 章

汉字拆分规则

 导读 ▷

　　掌握了五笔字根的分布和记忆等知识后，还要熟练掌握字根的结构以及拆分的原则，这样才能将正确的汉字转换为编码输入到文档中，本章将详细介绍该部分内容。

学习要点：★了解字根之间的结构
　　　　　★学习汉字的拆分原则
　　　　　★掌握疑难汉字的拆分原则

零基础五笔打字+电脑办公 从入门到精通

4.1 字根之间的结构

所有的汉字归纳起来都是由一个或多个基本字根构成的，学习五笔字型输入法首先要明确一个汉字该如何拆分，即应该拆分为哪些字根。而汉字拆分的前提是要了解汉字与字根间的关系，本节将详细介绍该部分内容。

4.1.1 单结构

单结构又叫成字字根，是指汉字的基本字根本身就是一个汉字，无法再进行拆分，常见的单结构字根如图4-1所示。

木 大 水 川

图4-1

4.1.2 散结构

散结构是指组成一个汉字的基本字根不止一个，而是由多个字根组成的，且不同字根之间有明显的距离，不相连也不相交。散结构汉字拆分起来比较简单，由于组成汉字的各字根之间没有什么关联，有明显的距离，因此在拆分时只需要将这些字根孤立地拆分出来就可以。散结构的汉字根据字根排列的位置又分为左右型散结构、上下型散结构和杂合型散结构三种字型，左右型散结构如图4-2所示；上下型散结构如图4-3所示；杂合型散结构如图4-4所示。

明 朋 汉 招

图4-2

字 实 算 淼

图 4-3

过 圆 困 区

图 4-4

4.1.3 连结构

连结构汉字是指汉字由一个基本字根与一个单笔画相连，或带点结构的汉字，如图 4-5 所示。

尺 千 舟 自

图 4-5

4.1.4 交结构

交结构汉字是指由两个或两个以上字根组成，且字根与字根间相互交叉形成汉字，如图 4-6 所示。

必 井 夫 专

图 4-6

实用贴士

在形态上，"单结构"汉字与"交结构"汉字非常相似，其主要区别在于"单结构"的汉字不能再进行拆分，而"交结构"的汉字一定有两个或两个以上的字根，且字根之间在笔画上有交叉。

4.2 汉字拆分原则

在五笔字型输入法中，只有将汉字正确地拆分成字根，才能够准确地输入汉字。在进行汉字拆分时应遵循一定的原则，本节将详细介绍该部分内容。

4.2.1 书写顺序

拆分合体字时，一定要按照正确的书写顺序进行，即从左到右、从上到下、从外到内，拆分出的字根应为按键上的基本字根。

例如：

从左到右，左右型，如图 4-7 所示。

图 4-7

从上到下，上下型，如图 4-8 所示。

从外到内，杂合型，如图 4-9 所示。

图 4-8

图 4-9

4.2.2　优先取大

"优先取大"也叫"取大优先"。按书写顺序拆分汉字时，应以"再添加一个笔画便不能成为字根"为限，每次都拆取一个"尽可能大"的字根，即尽可能拆取笔画多的字根。例如，"章"字有以下两种拆法，如图 4-10 所示。根据"优先取大"规律，拆出的字根要尽可能大，而第二种拆法中的"日"和"十"两个字根完全可以合为一个字根"早"。因此，第一种拆法才是正确的。

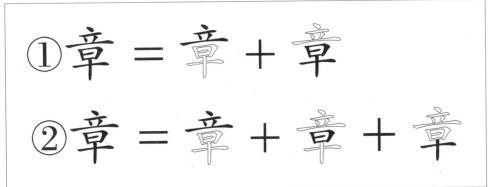

图 4-10

4.2.3　能散不连

"能散不连"原则是指如果一个汉字能够拆分成几个"散"关系的字根，那么就不能拆分成"连"的关系。一些字根介于"散"和"连"之间，如果不是单笔画字根，那么就要按照"散"的关系处理，如图 4-11 中，第一种拆分是正确的，第二种是错误的。

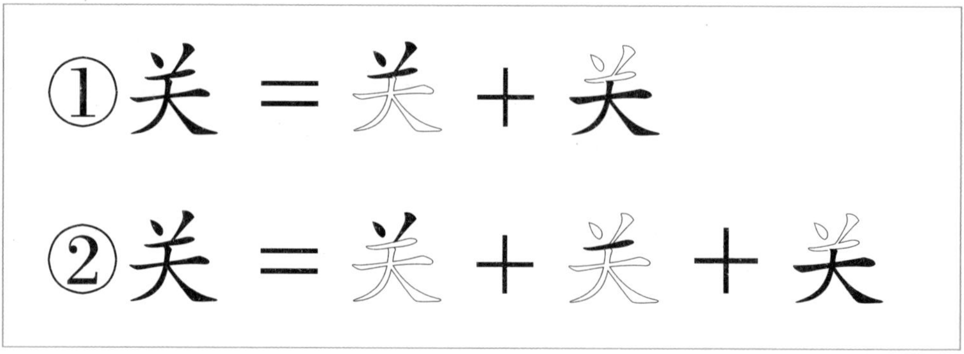

①关 = 关 + 关

②关 = 关 + 关 + 关

图 4-11

4.2.4　能连不交

当一个字既可拆成相连的几个部分，也可拆成相交的几个部分时，通常采用"相连"的拆法，即遵循"能连不交"规律。因为一般来说，"连"比"交"更为直观。例如，"天"字用"连"的拆法可拆为"一""大"，用"交"的拆法可拆为"二""人"，根据"能连不交"规律，"天"字应该按照第一种方法拆分，如图 4-12 所示。

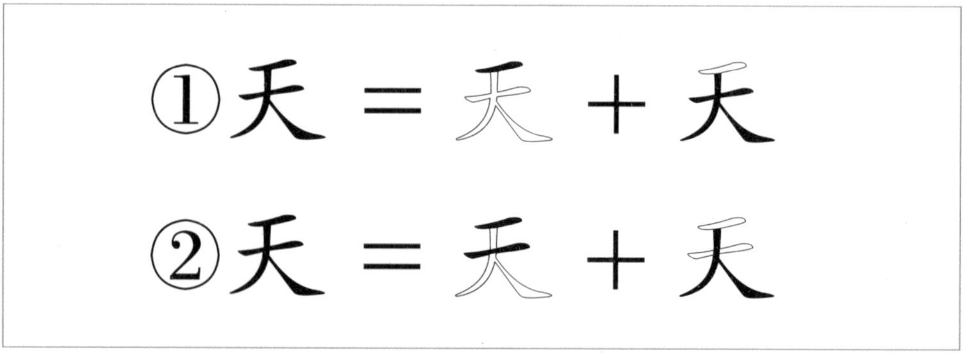

①天 = 天 + 天

②天 = 天 + 天

图 4-12

4.2.5　兼顾直观

在拆分汉字时，为了照顾汉字字根的完整性，有时不得不暂时牺牲"书写顺序"和"优先取大"规律。例如，"困"字拆分为"囗"和"木"就比拆分为"门""一""木"直观得多，如图 4-13 所示，第一种是正确的，第二种是错误的。

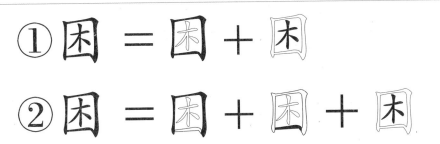

图 4-13

用户在拆分汉字时，每次拆分要保证拆分出最大的基本字根，如果拆分出的字根数量相等，那么"散结构"优先于"连结构"，"连结构"优先于"交结构"。

4.3　疑难汉字拆分原则

五笔字型输入法在拆字的时候，不少汉字的拆分方法容易混淆，因为一些汉字的字型划分不明显，这给汉字输入带来了极大的不便，也使得一部分汉字成了难拆汉字。就算使用五笔字型输入法多年的用户遇到一些难拆字时，也不知道如何拆分，本节将详细介绍疑难汉字拆分的原则以及解决方案。

4.3.1　横起笔类疑难字

常见的横起笔疑难字如表 4-1 所示。

表 4-1

汉字	拆分方法	编码
夫	夫＝夫 夫	FW
正	正＝正＋正	GHD
才	才＝才＋才	FT
丐	丐＝丐＋丐＋丐	GHN
丙	丙＝丙＋丙＋丙	GMW
夷	夷＝夷＋夷＋夷	GXW

4.3.2　竖起笔类疑难字

常见的竖起笔类疑难字如表 4-2 所示。

表 4-2

汉字	拆分方法	编码
卤	卤＝卤＋卤＋卤	HLQ
且	且＝且＋且	EG
冉	冉＝冉＋冉	MFD
果	果＝果＋果	JS
曳	曳＝曳＋曳	JXE
电	电＝电＋电	JN
央	央＝央＋央	MD

4.3.3 撇起笔类疑难字

常见的撇起笔类疑难字如表 4-3 所示。

表 4-3

汉字	拆分方法	编码
垂	垂 = 垂 + 垂 + 垂 + 垂	TGAF
生	生 = 生 + 生	TG
币	币 = 币 + 币 + 币	TMH
禹	禹 = 禹 + 禹 + 禹 + 禹	TKMY
鱼	鱼 = 鱼 + 鱼	QGF
乎	乎 = 乎 + 乎 + 乎	TUH
勿	勿 = 勿 + 勿	QRE

4.3.4 捺起笔类疑难字

常见的捺起笔类疑难字如表 4-4 所示。

表 4-4

汉字	拆分方法	编码
关	关 = 关 + 关	UD
亥	亥 = 亥 + 亥 + 亥亥	YNTW
羊	羊 = 羊 + 羊	UDJ
良	良 = 良 + 良 + 良	YVE

续表

首	首 = 首 + 首 + 首	UTH
兆	兆 = 兆 + 兆	IQV
亡	亡 = 亠 + 乚	YNV

4.3.5 折起笔类疑难字

常见的折起笔类疑难字如表 4–5 所示。

表 4–5

汉字	拆分方法	编码
丑	丑 = 丑 + 丑	NFD
尹	尹 = 尹 + 尹	VTE
母	母 = 母 + 母 + 母	XGU
乡	乡 = 乡 + 乡	XTE
幽	幽 = 幽 + 幽 + 幽	XXM
书	书 = 书 + 书 + 书 + 书	NNHY
叉	叉 = 叉 + 叉	CYI

实用贴士

  疑难字的拆分重点在于实战操作，需要勤加练习才能在其中总结到经验和技巧。可以先分清需要拆分的疑难字的结构类型，再根据拆分原则进行拆分。

第 5 章

五笔打字输入规则

学习完五笔字根、汉字的拆分等知识后，用户就要学习汉字输入的相关知识了。根据汉字是否存在于五笔键盘字根中，将汉字分为键面汉字和键外汉字。本章不仅详细介绍了这两种汉字的输入方法，还介绍了简码汉字、词组、特殊词组的输入方法。

学习要点：★学习键面汉字的输入
　　　　　★学习键外汉字的输入
　　　　　★学习简码汉字的输入
　　　　　★学习词组的输入
　　　　　★学习特殊词组的输入

5.1 键面汉字的输入

在五笔输入法的字根中，键面汉字是指既是字根又是字的汉字。键面汉字包括两种，即键名汉字和成字字根，本节将详细介绍这部分内容。

5.1.1 键名汉字

键名汉字是指在五笔字型字根表中，每个字根键上的第一个字根汉字，键名汉字一共有 25 个。输入键名汉字的方法是连续击打 4 次键名字根所在的字母键，如表 5-1 所示。

表 5-1

键名汉字	编码	键名汉字	编码	键名汉字	编码	键名汉字	编码
王	GGGG	目	HHHH	禾	TTTT	言	YYYY
土	FFFF	日	JJJJ	白	RRRR	立	UUUU
大	DDDD	口	KKKK	月	EEEE	水	IIII
木	SSSS	田	LLLL	人	WWWW	火	OOOO
工	AAAA	山	MMMM	金	QQQQ	之	PPPP
已	NNNN	子	BBBB	女	VVVV	又	CCCC
纟	XXXX						

其对应的键盘上的字母如图 5-1 所示。

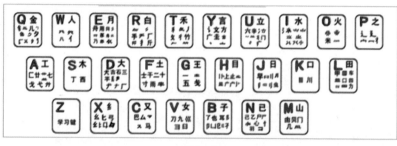

图 5-1

实用贴士

在25个键名汉字中，并不是所有的键名汉字都要连续按4次其所在的键位按键，一些键名汉字只需连续按3次其所在的键位按键，如"月"。还有一些键名汉字只需要按一次键就能出现，如"工"。

5.1.2　成字字根

在五笔字型输入法键盘的每一个键位上，除键名汉字外，凡是由单个字根组成的汉字都叫作成字字根。例如，在"G"键上的字根有"王、青、一、五、戋"，其中的单个字根汉字有"王、一、五、戋"，由于"王"是键名汉字，"青"又非独立的汉字，所以成字字根就有"一、五、戋"，如图5-2所示。

图 5-2

成字字根的输入顺序是：成字字根所在键 + 首笔笔画所在键 + 次笔笔画所在键 + 末笔笔画所在键（空格键），表5-2说明了部分成字字根的输入方法。

表 5-2

成字字根	成字字根所在键	首笔笔画及所在键	次笔笔画及所在键	末笔笔画及所在键	编码
士	F	一（G）	l（H）	一（G）	FGHG
七	A	一（G）	乙（N）	空格	AGN
上	H	l（H）	一（G）	一（G）	HHGG
辛	U	丶（Y）	一（G）	l（H）	UYGH
竹	T	丿（T）	一（G）	l（H）	TTGH

5.2 键外汉字的输入

键外汉字是指在五笔字型字根表中找不到的汉字，根据字根的数目，可以分为 4 个字根的汉字、超过 4 个字根的汉字、不足 4 个字根的汉字，本节将详细介绍这部分内容。

5.2.1 4个字根的汉字

4 个字根的汉字指该汉字刚好可以拆分成 4 个字根，根据书写顺序敲击该字的 4 个字根的区位码所对应的键后，该字就会出现在文档中。输入 4 个字根的汉字的方法是：第一个字根所在键 + 第二个字根所在键 + 第三个字根所在键 + 第四个四根所在键。如图 5-3 所示来举例说明。

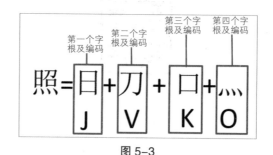

图 5-3

其他常见的 4 个字根的汉字的输入方法如表 5-3 所示。

表 5-3

汉字	第一个字根	第二个字根	第三个字根	第四个字根	编码
楷	木	匕	匕	白	SXXR
势	扌	九	、	力	RVYL
第	⺮	弓	丨	丿	TXHT
暑	日	土	丿	日	JFTJ
踞	口	止	尸	古	KHND
模	木	艹	日	大	SAJD

5.2.2 超过4个字根的汉字

超过 4 个字根的汉字指该汉字可以拆分成 4 个以上的字根，输入超过 4 个字根的汉字的方法是：第一个字根所在键 + 第二个字根所在键 + 第三个字根所在键 + 第末个字根所在键，如图 5-4 所示来举例说明。

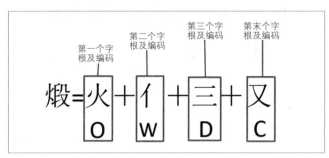

图 5-4

其他常见的超过 4 个字根的汉字的输入方法如表 5-4 所示。

表 5-4

汉字	第一个字根	第二个字根	第三个字根	第末个字根	编码
嗜	口	土	丿	日	KFTJ
魕	止	人	凵	、	HWBY
嬗	女	宀	口	一	VYLG
器	口	口	犬	口	KKDK
偿	亻	丷	冖	厶	WIPC
攀	木	乂	乂	手	SQQR

5.2.3 不足4个字根的汉字

不足 4 个字根的汉字指该汉字拆分成的字根数量不足 4 个，根据书写顺序输入该汉字的字根后，再输入该字的末笔字型识别码，如果还是不足四码则补空格键。

输入不足 4 个字根的汉字的方法是：第一个字根所在键 + 第二个字根所

在键 + 第三个字根所在键 + 末笔识别码，如图 5-5 所示来举例说明。

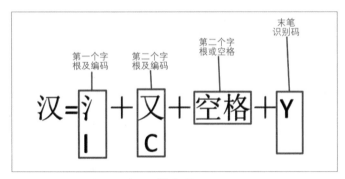

图 5-5

其他常见的不足 4 个字根的汉字如表 5-5 所示。

表 5-5

汉字	第一个字根	第二个字根	第三个字根	末笔识别码	编码
个	人	丨	空格	J	WHJ
码	石	马	空格	G	DCG
闲	门	木	空格	I	USI
完	宀	二	儿	B	PFQB
徐	彳	人	禾	Y	TWTY
术	木	丶	空格	I	SYI

末笔识别码是用户在输入部分汉字时必须掌握的知识点，指按笔顺书写一个汉字时的最后一笔，少数情况下指某一个字根的最后一笔。

5.3 简码汉字的输入

五笔字根表中还将一些常用的汉字设为简码，用户只需敲击一键、两键或三键再加上一个空格键就能输入简码，本节将详细介绍简码相关的知识。

5.3.1 一级简码

一级简码指只需要敲击一次键码就能出现的汉字，除了 Z 键，5 个区上的 25 个键都有一个使用频率较高的汉字，又叫高频字，如图 5-6 所示。

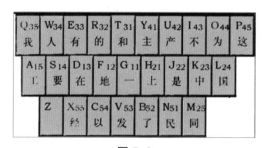

图 5-6

一级简码的输入方式是：简码汉字所在键 + 空格键。如输入"和"只需要按一次一级简码所在的键"T"，就能在五笔输入法的备选框中看到"和"，如图 5-7 所示，再按下空格键就能输入"和"字。

图 5-7

可以利用下面的口诀记忆一级简码：

1 区：一地在要工。

2 区：上是中国同。

3 区：和的有人我。

4 区：主产不为这。

5 区：民了发以经。

5.3.2 二级简码

二级简码指只需要敲击两次键码就能出现的汉字，输入该类汉字时只需要输入该字的前两个字根，再按空格键即可。二级简码的输入方式是：前两个字根的编码 + 空格键。如输入"果"字，则先输入第一个字根"日"的简码"J"，再输入第二个字根"木"的简码"S"，如图5-8所示，再输入空格键就能输入"果"字。

图 5-8

5.3.3 三级简码

三级简码是用单字全码中的前三个字根作为该字的编码。选取时，只要前三个字根能唯一代表该字，就将其选为三级简码。此类汉字输入时不能明显提高输入速度，因为在打了三码后还必须打一个空格键，也需要按四次键。但由于省略了最后的字根码或末笔字型交叉识别码，所以对于提高速度也是有一定帮助的。

三级简码的输入方式是：第一个字根所在键 + 第二个字根所在键 + 第三个字根所在键 + 空格键。如输入"输"，则先输入第一个字根"车"的简码"L"，再输入第二个字根"人"的简码"W"，最后输入第三个字根"一"的简码"G"，如图5-9所示，再输入空格键就能输入"输"字。

图 5-9

实用贴士

　　用户在输入一级简码时速度非常快，但这种类型的汉字只有 25 个，因此真正能提高五笔打字速度的方法是熟练记忆几百个二级简码，虽然记忆二级简码并不容易，但是平时只要多加练习就能熟练掌握，进而提高打字速度。

5.4 词组的输入

　　五笔输入法不仅能输入单个汉字，还能输入词组，五笔输入法为用户提供了大规模的词组数据库，极大地提高了打字速度，本节将详细介绍该部分内容。

5.4.1 输入双字词组

　　如果构成词组的汉字个数是两个，那么此类词组即属于双字词组，如下列词组均属于双字词组：机器、方法、精通、拼音、五笔、冰箱、男孩、经济、安全、游戏等。

　　双字词组的输入方式是：第一个汉字的第一个字根 + 第一个汉字的第二个字根 + 第二个汉字的第一个字根 + 第二个汉字的第二个字根。如输入"方法"，如图 5-10 所示。

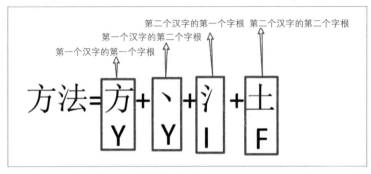

图 5-10

5.4.2 输入三字词组

如果构成词组的汉字个数是三个，那么此类词组就属于三字词组。下列词组均属于三字词组：身份证、计算机、准考证、办公室、输入法、研究生、浏览器、初学者等。

三字词组的输入方式是：第一个汉字的第一个字根 + 第二个汉字的第一个字根 + 第三个汉字的第一个字根 + 第三个汉字的第二个字根，如输入"计算机"，如图 5-11 所示。

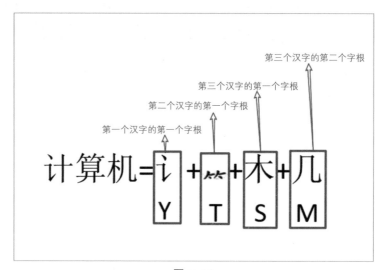

图 5-11

5.4.3 输入四字词组

构成词组的汉字个数如果是四个，那么此类词组就属于四字词组。下列词组均属于四字词组：亡羊补牢、人迹罕至、争先恐后、三心二意、一针见血、斩草除根、纸上谈兵、爱莫能助、刻舟求剑等。

四字词组的输入方式是：第一个汉字的第一个字根 + 第二个汉字的第一个字根 + 第三个汉字的第一个字根 + 第四个汉字的第一个字根，如输入"三心二意"，如图 5-12 所示。

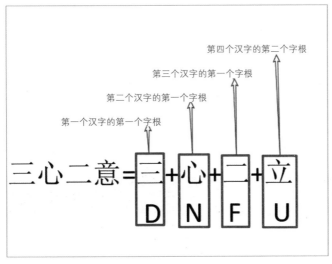

图 5-12

5.4.4　输入多字词组

　　如果构成词组的汉字个数超过了四个，那么此类词组就叫作多字词组。一般常见的多字词组有五字词组、六字词组、七字词组等，下面的词组就属于多字词组：中华人民共和国、中国人民银行、中国政治协商会议、唯恐天下不乱、新疆维吾尔自治区、八九不离十、百思不得其解、温带大陆性气候等。

　　多字词组的输入方式是：第一个汉字的第一个字根 + 第二个字汉字的第一个字根 + 第三个汉字的第一个字根 + 末尾汉字的第一个字根，如输入"唯恐天下不乱"，如图 5-13 所示。

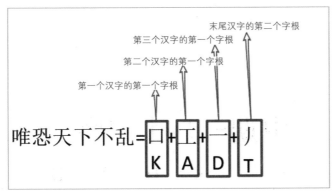

图 5-13

用户在拆分二字的词组时，如果词组中含有一级简码的独体字或键名汉字，只用连按两次该汉字所在键位；如果一级简码并不是独体字，那么就按照键外汉字的拆分方法来拆分。

5.5 特殊词组的输入

用户在学习五笔字型输入法的过程中，会发现一些词组中有一级简码汉字、键名汉字或成字字根汉字，本节重点介绍这类特殊词组的输入方法。

5.5.1 词组中有一级简码的汉字

学习五笔输入法常常会出现词组中存在一个或者几个一级简码汉字的情况，如词组"发人深省"中的"人"字是一级简码汉字，"国家"中的"国"字是一级简码汉字。

因此，在输入这类词组时，需要将一级简码汉字看成普通汉字，按照一般的汉字拆分规则来输入。例如，"中期"的"中"字属于一级简码汉字，编码是"K"，但是在词组中不把它看成一级简码汉字，而是按照普通汉字的拆分方法，将"中"字拆分成"口、丨"，编码是"KH"，它与"期"字的前两个字根"艹、三"的编码"AD"构成四码，因此词组"中期"的编码是"KHAD"，如图5-14所示。

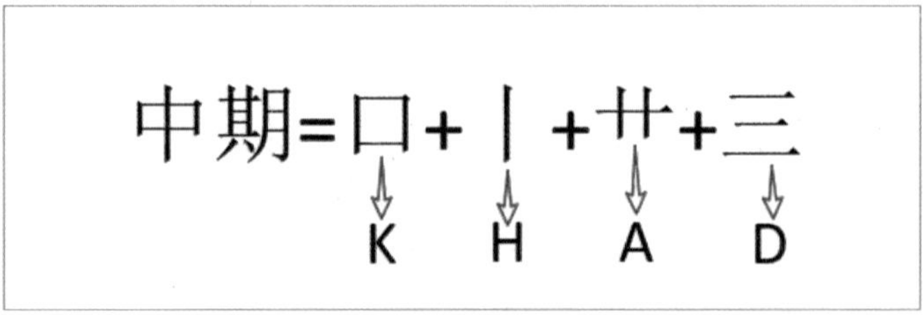

$$中期 = 口 + 丨 + 艹 + 三$$
$$\qquad K \quad\ H \quad\ A \quad\ D$$

图 5-14

5.5.2 词组中有键名汉字

有的词组中可能存在一个或者几个键名汉字，如词组"工程"中的"工"字是键名汉字，"冻土"中的"土"字是键名汉字。

键名汉字的输入规则是连续敲击四下键名汉字所在的键位。如果键名汉字出现在词组中，它的输入规则还是跟输入单个键名汉字一样，只不过不是敲击四下键位，而是需要取这个键名汉字的几码就敲击几下键位。

例如，词组"大队"中的"大"字是键名汉字，由于"大队"是双字词组，按照双字词组取码规则，需要取每个汉字的前两码，在输入"大"字时，就需要敲击两下"D"键，"大队"的编码是"DDBW"，如图5-15所示。

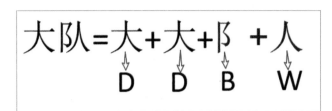

图5-15

5.5.3 词组中有成字字根的汉字

一些词组中可能存在一个或者几个成字字根汉字，如词组"儿子"中的"儿"字、"用户"中的"用"字都是成字字根汉字。在词组中，成字字根汉字的输入跟单个成字字根汉字输入规则一样，都需要先敲击它所在的键位，然后再依次输入笔画的编码，不同的是，在输入词组中的成字字根汉字时，不需要输完所有的成字字根汉字编码，而是根据需要选出几位编码来构成词组的编码。

例如，成字字根汉字"用"字的编码是"ETNH"，但在词组"用户"中，按照词组输入规则，我们只取前两位编码"ET"，与"户"字的两位编码一起构成词组的编码"ETYN"，如图5-16所示。

用户=用+丿+丶+尸

E   T   Y   N

图 5-16

实用贴士

　　在五笔输入法中，如果词库中的词组无法满足用户的需要，那么可以自定义短语或手动造词来丰富五笔输入法的词库。

06

第 6 章

Word文档的操作

Word是Office2021中重要组成部分之一，是一款文字处理软件，可帮助用户完成日常办公和文字处理工作，本章将详细介绍与Word相关的各种操作，帮助用户高效完成各项工作。

学习要点： ★掌握Word文档的基础操作
　　　　　★学会编辑Word文档
　　　　　★熟悉美化Word文档的各项操作

6.1 基础操作

Word 文档的新建、保存和关闭是 Word 的基础操作，本节将详细介绍该部分内容。

6.1.1 Word文档的新建

新建 Word 文档的操作步骤如下：

1 单击【 ▦ 】按钮，在打开的开始菜单中单击【 Word 】图标，如图6-1所示。

图 6-1

2　打开【Word】窗口，单击【新建】按钮，在右侧选择【空白文档】，如图6-2所示。

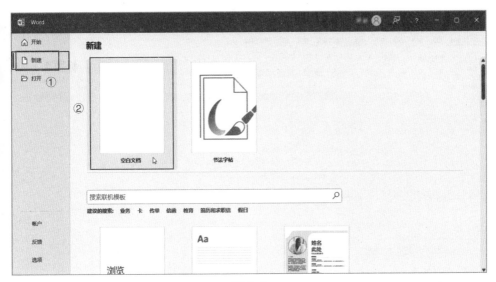

图 6-2

3　创建后的Word文档如图6-3所示。

图 6-3

还有一种方法，操作步骤如下：

1　打开一个Word文档后，单击【文件】选项卡，如图6-4所示。

② 在左侧窗格中选择【新建】按钮，单击右侧的【空白文档】，如图6-5
所示。

图 6-4

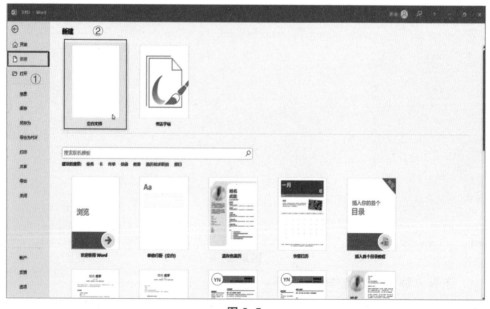

图 6-5

6.1.2　Word文档的保存

保存 Word 文档的操作步骤如下：

1️⃣　在已经打开的Word文档中，单击【文件】选项卡，如图6-6所示。

图 6-6

2️⃣　在弹出的列表中选择【保存】按钮，如图6-7所示。

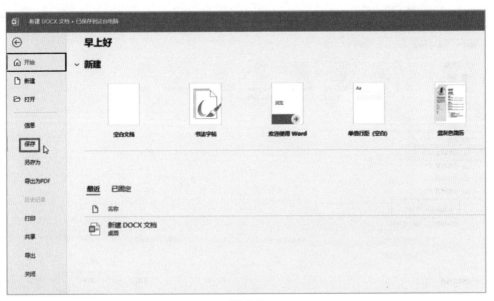

图 6-7

3 如果此次是第一次保存，那么系统会弹出【另存为】界面，单击【浏览】
　　按钮，如图6-8所示。

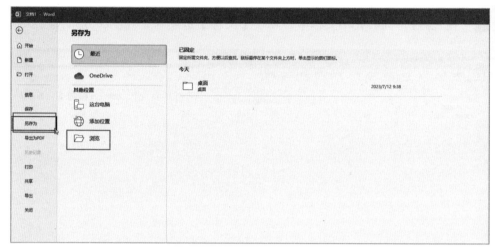

图 6-8

4 弹出【另存为】对话框，选择合适的存储位置，此处选择【本地磁盘
　　（C）】，在【文件名】文本框中填入合适的文件名，此处填入"文档
　　1"，最后单击【保存】按钮，如图6-9所示。

图 6-9

6.1.3　Word文档的关闭

关闭文档有三种方法，操作步骤如下：

一是在标题栏上单击鼠标右键，在弹出的快捷菜单中选择【关闭】命令，如图6-10所示。

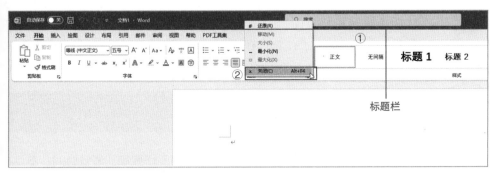

图 6-10

二是单击【文件】选项卡，在弹出的列表中单击【关闭】按钮，如图6-11所示。

图 6-11

三是单击文档右上角的【✕】按钮。

实用贴士

　　新建、保存、关闭 Word 文档除了上述方法，还可以使用组合键来进行操作，分别是【Ctrl + N】组合键、【Ctrl+S】组合键和【Alt+F4】组合键。

6.2 编辑文档

　　熟练掌握操作 Word 文本的操作方法，可以提高工作效率，节省时间，本节将详细介绍与编辑文档相关的各类知识。

6.2.1 输入内容

1.输入中、英文

　　Windows 的默认语言是英文，在 Word 中输入中文时，需要先将英文输入法切换成中文输入法。输入中文的操作步骤如下：

1 打开一个空白文档，在文档中输入相关文字，如图6-12所示。

图 6-12

2 按【空格】键就可在Word文档中输入相应的文字，如图6-13所示。

图 6-13

3 按【Enter】键切换至下一行，按【Shift】键切换成英文输入法，然后在文档中输入英文，如图6-14所示。

图 6-14

4 如果需要输入大写字母，按【Caps Lock】键切换大小写即可，如图6-15所示。

图 6-15

2.输入日期和时间

在文档中输入日期和时间的操作步骤如下：

1 将光标定位在文档的任意一处，单击【插入】选项卡下【文本】选项组中的【日期和时间】按钮，如图6-16所示。

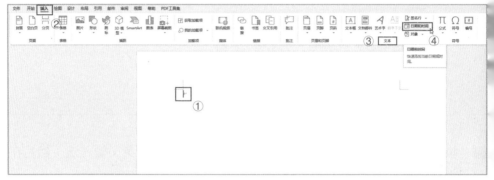

图 6-16

2 弹出【日期和时间】对话框，在【可用格式】选项中选择合适的格式，并在右侧【语言（国家/地区）】选项中选择【简体中文（中国大陆）】，最后单击【确定】按钮，如图6-17所示。

图 6-17

3 效果如图6-18所示。

图 6-18

3.输入符号

输入符号的操作步骤如下：

1 将鼠标光标放在需要插入符号的位置，单击【插入】选项卡下的【符号】选项组中的【符号】下拉按钮，如图6-19所示。

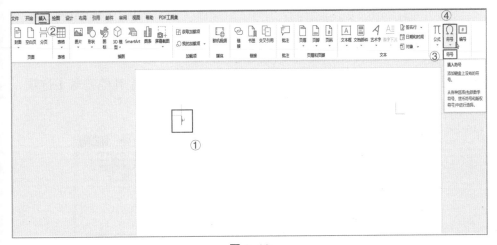

图 6-19

2 在下拉列表中选择所需要的符号，此处选择【空心方形】，如图6-20所示。

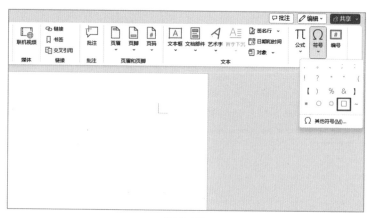

图 6-20

3 效果如图6-21所示。

图 6-21

4 如果没有需要的符号，可以在符号下拉列表中选择【其他符号】选项，如图6-22所示。

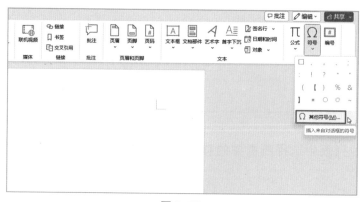

图 6-22

5　弹出【符号】对话框，在【符号】或【特殊符号】选项中选择所需要的
符号，然后单击【插入】按钮，再单击【关闭】按钮即可，如图6-23
所示。

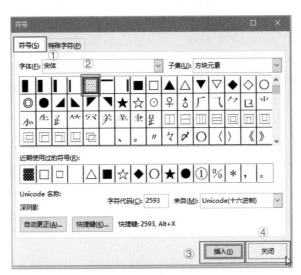

图 6-23

6　此处所选符号如图6-24所示。

图 6-24

6.2.2　选择文本

选择文本的操作步骤如下：

1　打开"岳阳楼记"Word文档，如果用户想选择单个字词，可以直接双击
该词语，如双击文档第一行里的"岳阳楼"一词，该词语就会被选中，
以深灰色显示，如图6-25所示。

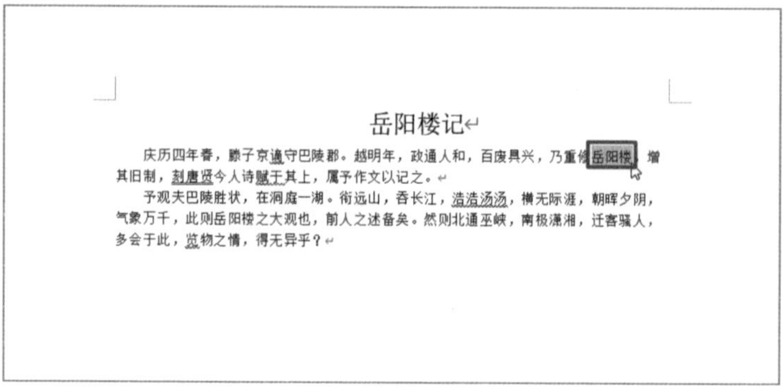

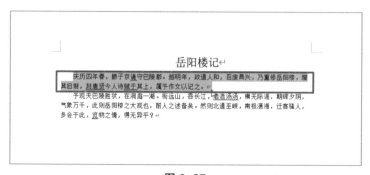

图 6-25

2　选择连续文本，只需将光标放在需要选择的文本的开始位置，按住鼠标左键拖至需要选择的文本的结束位置，松开鼠标左键即可，如图6-26所示。

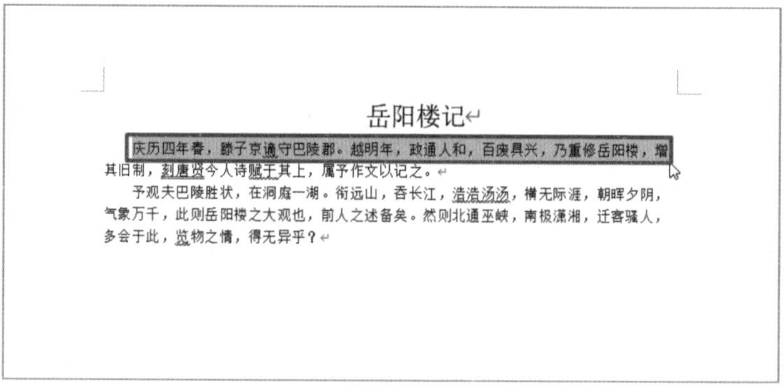

图 6-26

3　选择段落文本，只需在需要选择的段落中的任意一个位置单击鼠标左键三次，便可选中整个段落文本，如图6-27所示。

图 6-27

4　选择矩形文本，需要同时按住【Alt】键和鼠标左键，然后在文本中拖动
便可选择矩形文本，如图6-28所示。

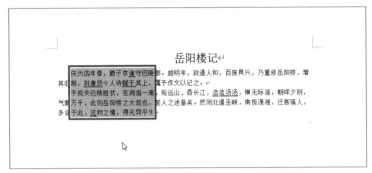

图 6-28

5　选择不连续文本，需要先选择一个文本，然后按住【Ctrl】键，依次选
择其他文本，如图6-29所示。

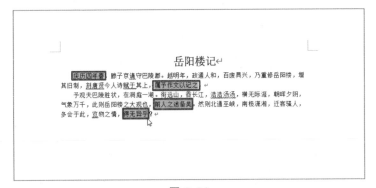

图 6-29

6　选择全部文本，只需将鼠标指针移动到文本左侧，当指针变成斜向上的
箭头时，单击鼠标左键三次便可选中全部文本，如图6-30所示。

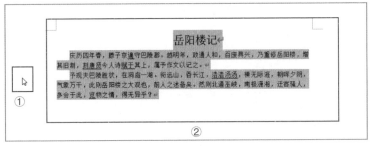

图 6-30

实用贴士　　用户在选择连续的文本时，如果想选择连续的跨页的文本，那么按住鼠标左键拖动的方式可能会出错，为了避免这种错误，此时就可以先将鼠标固定在起始位置，按【Shift】键不放，然后在末尾处点击一下，然后松开左键，就能选中需要的文本。

6.2.3　移动文本

移动文本的操作步骤如下：

1　打开"企业管理"Word文档，选中第一行，单击【开始】选项卡下【剪贴板】选项组中的【剪切】按钮，如图6-31所示。

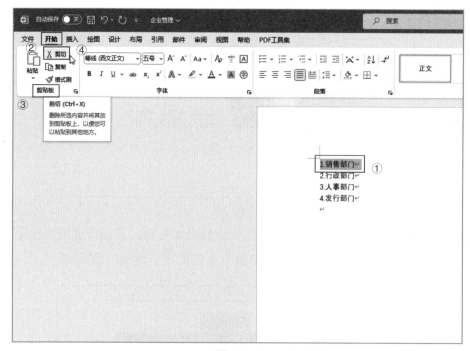

图 6-31

2　将光标定位至最后一行空白处，单击【开始】选项卡下【剪贴板】选项组中的【粘贴】按钮，如图6-32所示。

图 6-32

3 效果如图6-33所示。

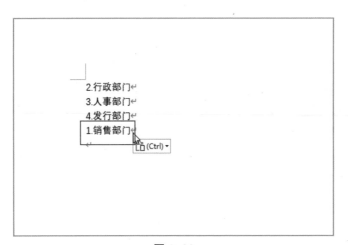

图 6-33

还可以先选中第一行，按【Ctrl+X】组合键，然后将光标定位至最后一行空白处，按【Ctrl+V】组合键，完成移动文本的操作。

6.2.4 复制文本

复制文本的操作步骤如下：

1 打开"企业管理"Word文档，选中第一行，单击【开始】选项卡下【剪贴板】选项组中的【复制】按钮，如图6-34所示。

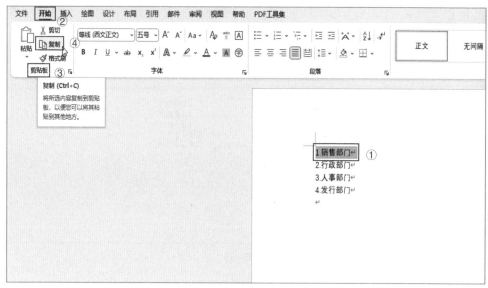

图 6-34

2 将光标定位至最后一行空白处，单击【开始】选项卡下【剪贴板】选项组中的【粘贴】按钮，如图6-35所示。

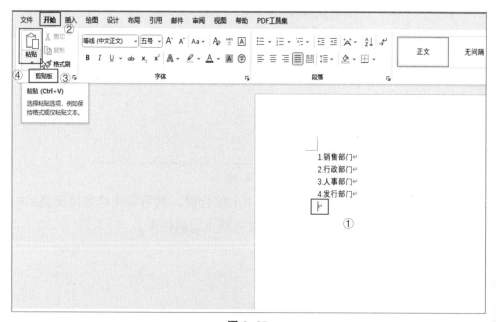

图 6-35

3　效果如图6-36所示。

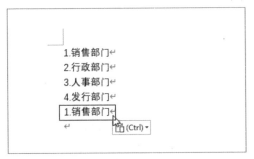

图 6-36

　　还可以先选中第一行，按【Ctrl+C】组合键，然后将光标定位至最后一行空白处，按【Ctrl+V】组合键，完成复制文本的操作。

6.2.5　查找和替换文本

查找和替换文本的操作步骤如下：

1　打开"岳阳楼记"Word文档，在文档中的任意一处按【Ctrl+F】组合键，文档左侧弹出【导航】窗格，在查找文本框中输入"岳阳楼"，文档中就会显示该文本所在的位置，同时"岳阳楼"在文档中以黄色底纹显示，如图6-37所示。

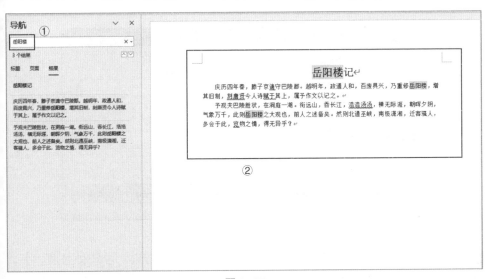

图 6-37

2 如果将文档中的"岳阳楼"替换为"美丽",可单击【导航】窗格文本框右侧的下拉按钮,在下拉列表中选择【替换】选项,如图6-38所示。

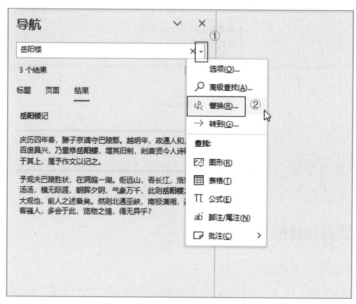

图 6-38

3 弹出【查找和替换】对话框,可以看到【查找内容】文本框中自动显示"岳阳楼",在【替换为】文本框中输入"美丽",然后单击【全部替换】按钮,如图6-39所示。

图 6-39

4 弹出【Microsoft Word】提示对话框,提示【全部完成。完成3处替换。】,单击【确定】按钮,如图6-40所示。

图 6-40

5 返回【查找和替换】对话框，单击【×】按钮即可，替换后的文档如图 6-41所示。

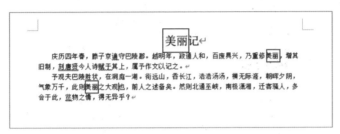

图 6-41

6.2.6　设置文本的字体、字形、字号

设置文本的字体、字号的操作步骤如下：

1 打开"岳阳楼记"Word文档，选中全部文本，单击【开始】选项卡下【字体】选项组中的对话框启动器，如图6-42所示。

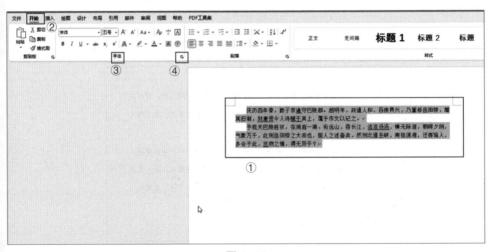

图 6-42

零基础五笔打字+电脑办公 从入门到精通

2 弹出【字体】对话框，在【中文字体】下拉按钮中选择【楷体】，在【字形】列表框中选择【加粗】，在【字号】列表框中选择【四号】，最后单击【确定】按钮，如图6-43所示。

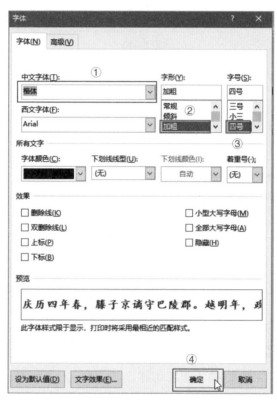

图 6-43

3 效果如图6-44所示。

图 6-44

088

6.2.7　设置字体颜色

设置字体颜色的操作步骤如下：

1 打开"岳阳楼记"Word文档，选中全部文本，单击【开始】选项卡下【字体】选项组中的【字体颜色】下拉按钮，选择合适的颜色，此处选择【紫色】，如图6-45所示。

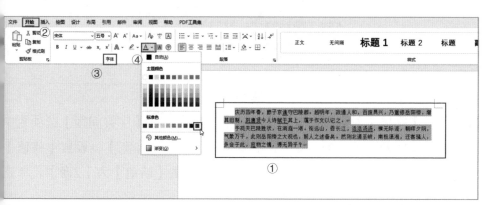

图6-45

2 效果如图6-46所示。

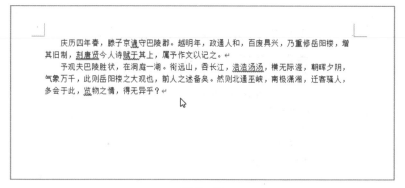

图6-46

6.2.8　设置字符间距

设置字符间距的操作步骤如下：

1 打开"岳阳楼记"Word文档，选中标题"岳阳楼记"，单击【开始】选项卡下【字体】选项组中的对话框启动器，如图6-47所示。

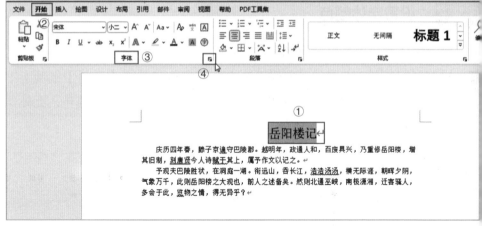

图 6-47

2 弹出【字体】对话框，单击【高级】选项卡，在【字符间距】选项组中设置【缩放】为【150%】，设置【间距】为【加宽】，设置【磅值】为【1磅】，设置【位置】为【上升】，设置【磅值】为【2磅】，单击【确定】按钮，如图6-48所示。

图 6-48

3 返回文档，设置效果如图6-49所示。

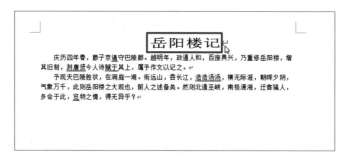

图 6-49

6.2.9　设置段落格式

设置行间距的操作步骤如下：

1 打开"岳阳楼记"Word文档，选中除标题外的文字，单击【开始】选项卡下【段落】选项组中的对话框启动器，如图6-50所示。

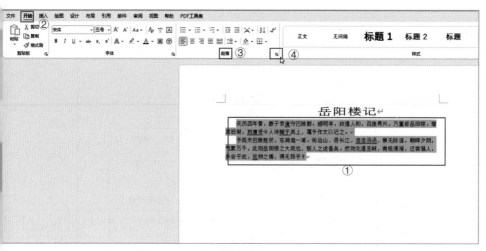

图 6-50

2 弹出【段落】对话框，选择【缩进和间距】选项卡；在【常规】区域中，将【对齐方式】设置为【左对齐】；在【缩进】区域中，【左侧】设置为【2字符】，【右侧】设置为【2字符】；在【间距】区域中，【段前】设置为【2行】，【段后】设置为【2行】；【行距】设置为【2倍行距】。最后单击【确定】按钮，如图6-51所示。

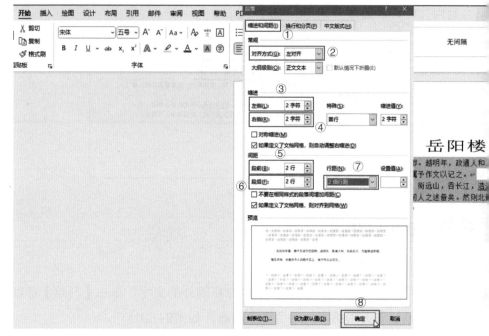

图 6-51

③ 返回文档，设置效果如图6-52所示。

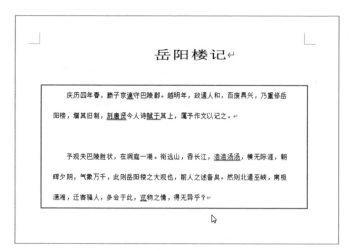

图 6-52

6.2.10　应用样式

1.套用样式

套用样式的操作步骤如下：

1️⃣ 打开"岳阳楼记"Word文档，选中标题，单击【开始】选项卡下【样式】选项组中的【 ▾ 】按钮，如图6-53所示。

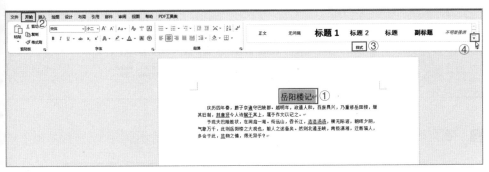

图 6-53

2️⃣ 在展开的列表框中选择【要点】选项，如图6-54所示。

图 6-54

3️⃣ 效果如图6-55所示。

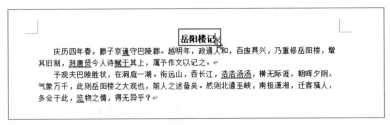

图 6-55

2.自定义样式

用户还可以根据需要自定义样式，操作步骤如下：

1 打开"岳阳楼记"Word文档，选中标题，单击【开始】选项卡下【样式】选项组中的【ⵗ】按钮，如图6-56所示。

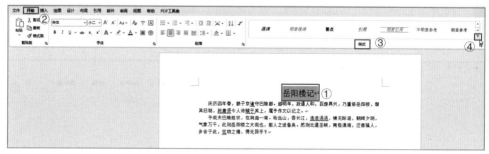

图 6-56

2 在列表框中选择【创建样式】选项，如图6-57所示。

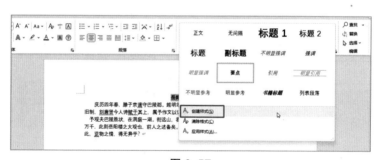

图 6-57

3 弹出【根据格式化创建新样式】对话框，在【名称】文本框中输入【新标题】，单击【修改】按钮，如图6-58所示。

图 6-58

4 弹出【根据格式化创建新样式】对话框，在【格式】区域设置字体格式为【微软雅黑】【四号】【倾斜】，然后单击左下角的【格式】下拉按钮，从下拉列表中选择【段落】选项，如图6-59所示。

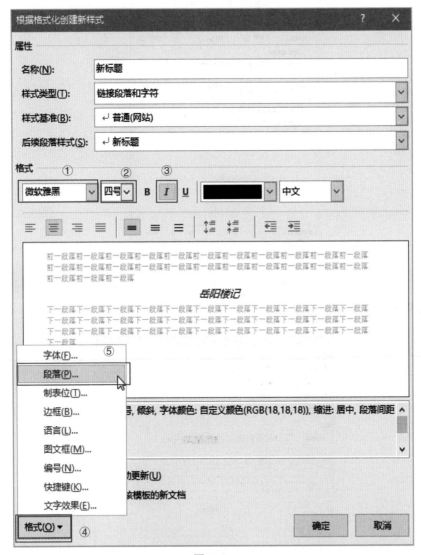

图 6-59

5 弹出【段落】对话框，选中【缩进和间距】选项卡，在【常规】区域设置【大纲级别】为【1级】，在【间距】区域设置【段前】【段后】均为【2行】，单击【确定】按钮，如图6-60所示。

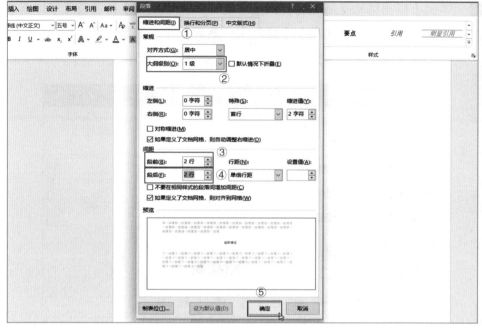

图 6-60

6　返回【根据格式化创建新样式】对话框，单击【确定】按钮，如图6-61
　　所示。

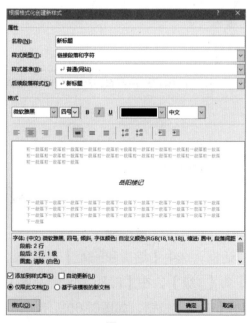

图 6-61

7 再次单击【开始】选项卡下【样式】选项组中的【 ⌄ 】按钮，可以在列
表框中看到【新标题】选项，单击该选项，如图6-62所示。

新标题	正文	无间隔	标题 1	标题 2	标题	副标题
不明显强调	强调	明显强调	要点	引用	明显引用	不明显参考
明显参考	书籍标题	列表段落				

A₊ 创建样式(S)
A₂ 清除格式(C)
A₊ 应用样式(A)...

图 6-62

8 效果如图6-63所示。

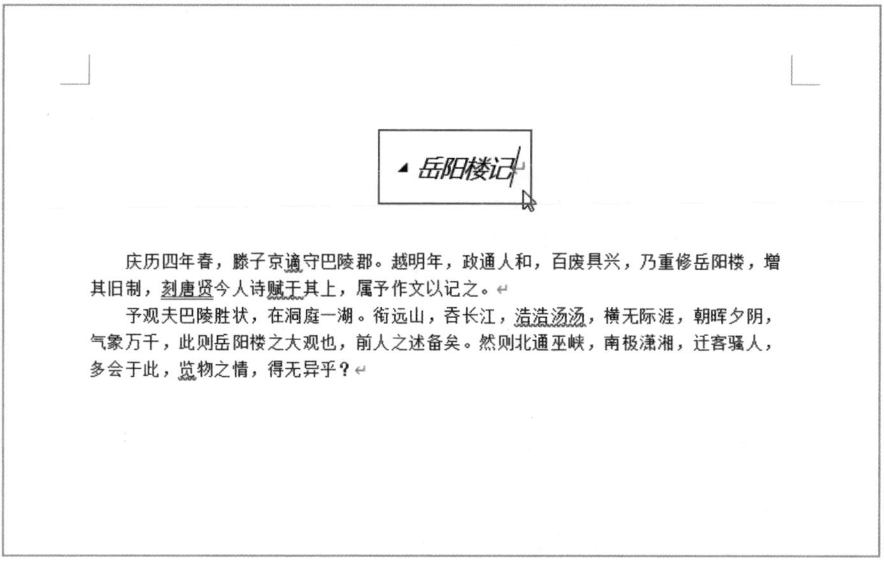

▲ 岳阳楼记

　　庆历四年春，滕子京谪守巴陵郡。越明年，政通人和，百废具兴，乃重修岳阳楼，增
其旧制，刻唐贤今人诗赋于其上，属予作文以记之。
　　予观夫巴陵胜状，在洞庭一湖。衔远山，吞长江，浩浩汤汤，横无际涯，朝晖夕阴，
气象万千，此则岳阳楼之大观也，前人之述备矣。然则北通巫峡，南极潇湘，迁客骚人，
多会于此，览物之情，得无异乎？

图 6-63

6.3 美化文档

文档编辑完后，为了让文档看起来更加美观，可以对其进行一定的设置，本节将详细介绍该部分内容。

6.3.1 设置页边距

设置页边距的操作步骤如下：

1　打开"岳阳楼记"Word文档，单击【布局】选项卡下【页面设置】选项组中【页边距】下拉按钮，如图6-64所示。

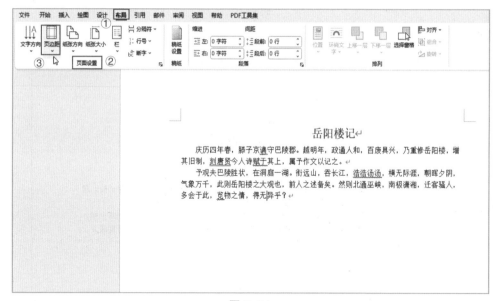

图 6-64

2　在下拉列表中选择【中等】选项，如图6-65所示。

3　设置效果如图6-66所示。

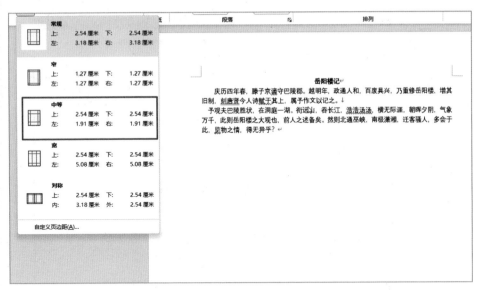

图 6-65

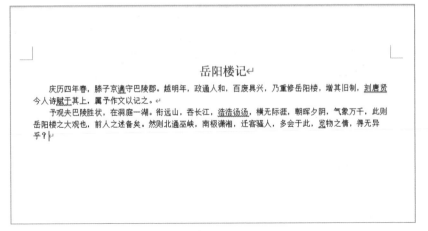

图 6-66

4 也可以选择【页边距】下拉列表中的【自定义页边距】选项，如图6-67所示。

5 弹出【页面设置】对话框，在【页边距】选项卡下的【页边距】区域中，对页面上、下、左、右的边距进行自定义设置，最后单击【确定】按钮即可，此处所设置的数字如图6-68所示。

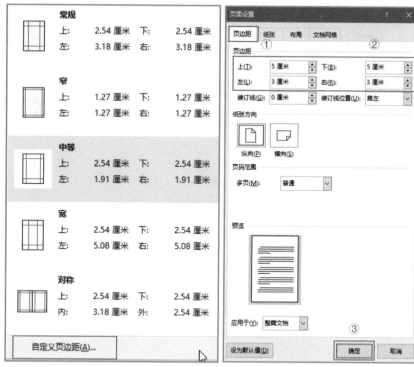

图 6-67

图 6-68

6 效果如图6-69所示。

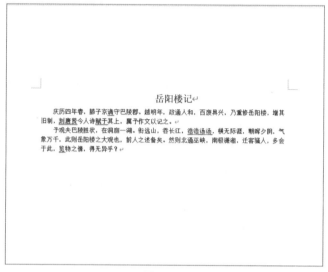

图 6-69

6.3.2　设置纸张大小、方向

设置纸张大小、方向的操作步骤如下：

1　打开"岳阳楼记"Word文档，单击【布局】选项卡下【页面设置】选项组中的【纸张大小】下拉按钮，如图6-70所示。

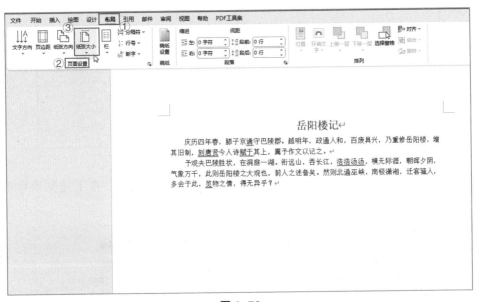

图 6-70

2　在下拉列表中选择【A3】，如图6-71所示。

| Tabloid |
| 27.94 厘米 x 43.18 厘米 |
| Ledger |
| 43.18 厘米 x 27.94 厘米 |
| Executive |
| 18.42 厘米 x 26.67 厘米 |
| **A3** |
| 29.7 厘米 x 42 厘米 |
| A4 |
| 21 厘米 x 29.7 厘米 |

图 6-71

101

3 效果如图6-72所示。

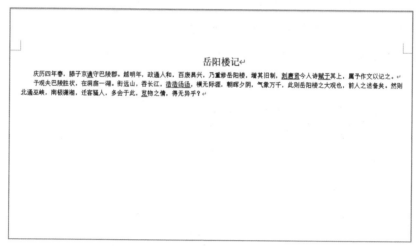

图 6-72

4 单击【页面设置】选项组中的【纸张方向】下拉按钮，在下拉列表中选择【横向】选项，如图6-73所示。

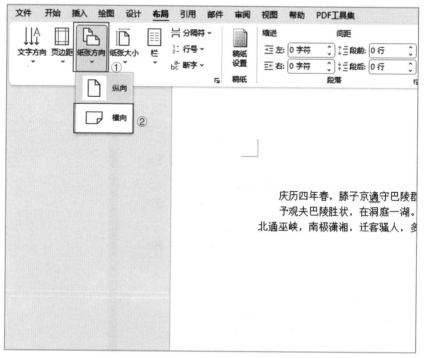

图 6-73

5 设置效果如图6-74所示。

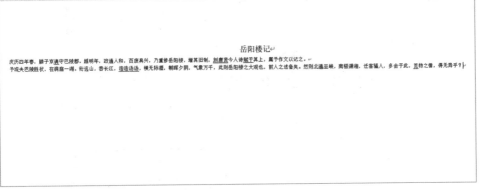

图 6-74

6.3.3 插入页眉、页脚

插入页眉、页脚的操作步骤如下：

1 打开"岳阳楼记"Word文档，单击【插入】选项卡下的【页眉和页脚】选项组中的【页眉】下拉按钮，如图6-75所示。

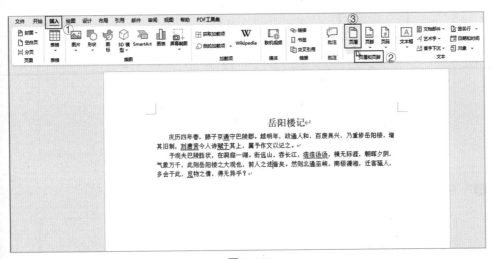

图 6-75

2 在下拉列表中选择一种合适的样式，此处选择【边线型】选项，如图6-76所示。

图 6-76

3 此时文档的顶端便添加了页眉，并在页眉区域显示了【文档标题】控件，如图6-77所示。

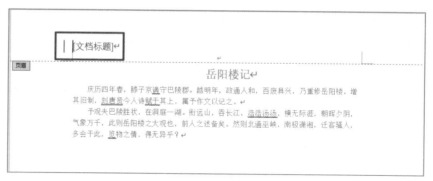

图 6-77

4 在【文档标题】控件中输入"岳阳楼记"，如图6-78所示。

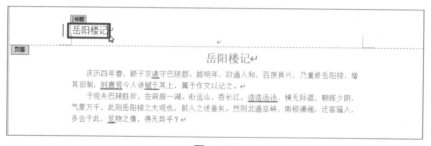

图 6-78

5 单击【页眉和页脚】选项卡下的【页眉和页脚】选项组中的【页脚】下
拉按钮，如图6-79所示。

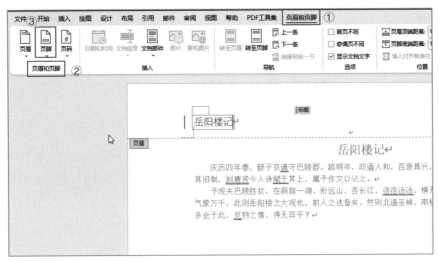

图 6-79

6 在下拉列表中选择【边线型】选项，如图6-80所示。

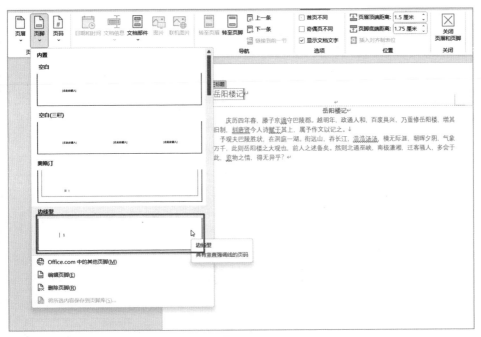

图 6-80

7 双击页眉和页脚区域外的任意位置即可退出编辑状态，最终效果如图6-81所示。

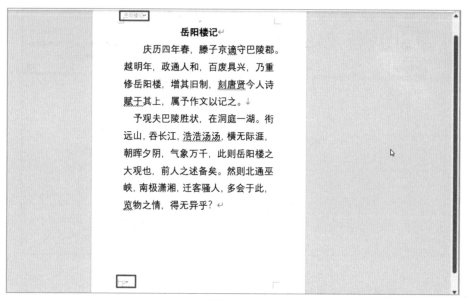

图 6-81

6.3.4 插入页码

插入页码的操作步骤如下：

1 打开"岳阳楼记"Word文档，单击【插入】选项卡下的【页眉和页脚】选项组中的【页码】下拉按钮，在下拉列表中选择【页面底端】选项，在子列表中选择【加粗显示的数字1】选项，如图6-82所示。

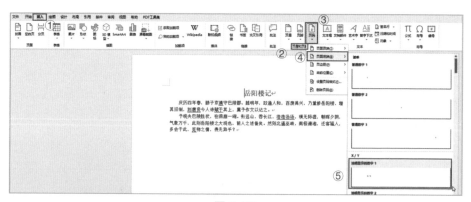

图 6-82

2 返回文档，可以看到页面底端的页脚区域添加了页码，单击【页眉页脚】
选项卡【关闭】选项组中的【关闭页眉和页脚】按钮退出编辑状态即
可，如图6-83所示。

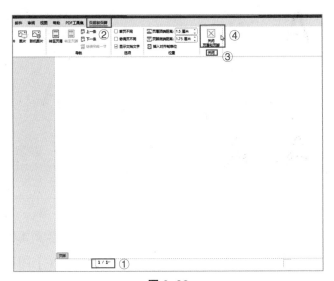

图 6-83

6.3.5 插入艺术字

插入艺术字的操作步骤如下：

1 打开"岳阳楼记"Word文档，单击【插入】选项卡下【文本】选项组中
的【艺术字】下拉按钮，如图6-84所示。

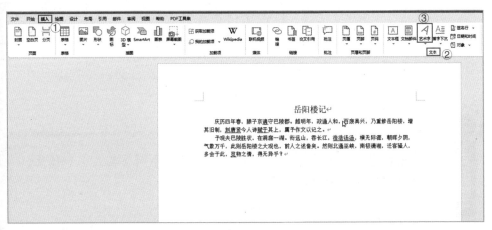

图 6-84

2 在下拉列表中选择所需要的艺术字样式，此处选择【渐变填充:蓝色,主题色5;映像】，如图6-85所示。

图 6-85

3 在文本框中输入文字"岳阳楼记"，通过移动艺术字文本框四周八个控制点来控制艺术字的大小，通过移动文本框中的【↖】图标，来移动艺术字的位置，最终效果如图6-86所示。

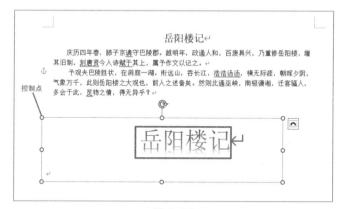

图 6-86

实用贴士

　　艺术字和文本框一样，用户可以根据需要调整其大小和位置，也可以将艺术字的颜色和字体更改为自己喜欢的。

Chapter

07

第 7 章

Excel的操作

Excel2021是常用的办公软件之一，主要用于处理
电子表格，分析、处理、计算表格中的数据，可帮助用
户提高数据处理的效率。

导读 ▷

学习要点：★掌握Excel的基础操作

★学会编辑数据

★学习数据处理与分析

★熟练运用公式和函数

7.1 基础操作

Excel2021 的基础操作有很多，本节将详细介绍该部分内容。

7.1.1 新建工作簿

新建工作簿的操作步骤如下：

1 单击【■】按钮，在打开的开始菜单中单击【Excel】图标，如图7-1
所示。

图 7-1

2 打开【Excel】窗口，单击【新建】按钮，在右侧选择【空白工作簿】，如图7-2所示。

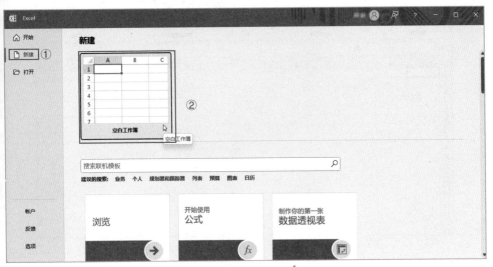

图 7-2

3 创建后的工作簿如图7-3所示。

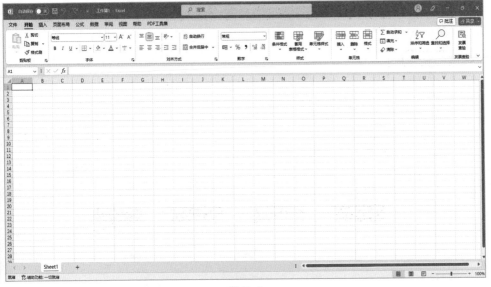

图 7-3

还有一种方法，操作步骤如下：

1 打开一个工作簿后，单击【文件】选项卡，如图7-4所示。

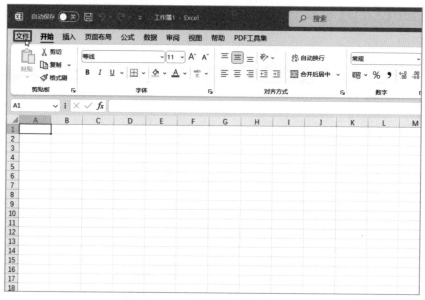

图 7-4

2 在左侧窗格中选择【新建】按钮，单击右侧的【空白工作簿】，如图 7-5所示。

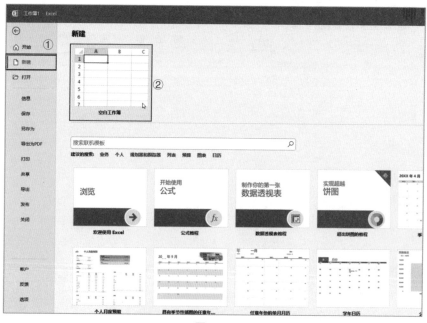

图 7-5

7.1.2 新建工作表

新建工作表的操作步骤如下：

1 打开"计算机"工作簿，单击【新工作表】按钮，如图7-6所示。

图 7-6

2 "Sheet4"就是新建的工作表，如图7-7所示。

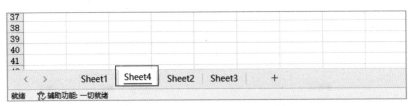

图 7-7

除了上述方法，还可以这样新建工作表，操作步骤如下：

1 打开"计算机"工作簿，单击任意一个工作表标签，此处单击"Sheet3"
工作表标签，单击鼠标右键，在弹出的快捷菜单中，选择【插入】命令，
如图7-8所示。

图 7-8

113

2 弹出【插入】对话框，在此对话框中选择【工作表】图标，单击【确定】按钮，如图7-9所示。

图 7-9

3 "Sheet4"就是新建的工作表，如图7-10所示。

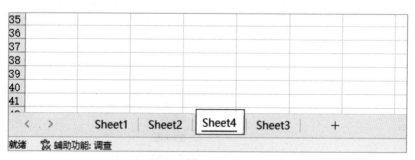

图 7-10

7.1.3 删除工作表

删除工作标的操作步骤如下：

1 打开"计算机"工作簿，单击要删除的工作表，此处选择"Sheet1"工作表，单击鼠标右键，在弹出的快捷菜单中选择【删除】命令，如图7-11所示。

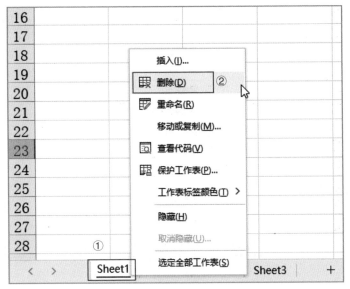

图 7-11

2 删除后的效果如图7-12所示。

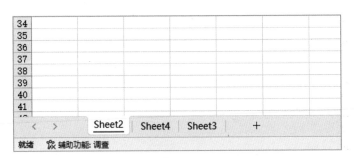

图 7-12

7.1.4 重命名工作表

重命名工作簿的操作步骤如下:

1 打开"计算机"工作簿,点击要重命名的工作表,此处选择"Sheet1"
工作表,单击鼠标右键,在弹出的快捷菜单中选择【重命名】命令,如
图7-13所示。

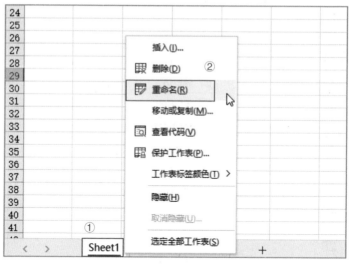

图 7-13

2 此时"Sheet1"会被选中并变灰，用户可根据需要输入新名称，此处输入"计算机学习要点"，如图7-14所示。

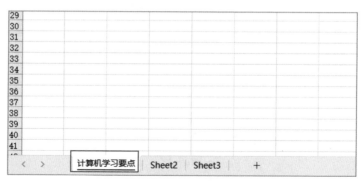

图 7-14

除了上述方法，还可以双击"Sheet1"工作表，此时"Sheet1"会被选中并变灰，用户可根据需要更改工作表的名称。

7.1.5 移动和复制工作表

移动和复制工作表的操作步骤如下：

1 打开"计算机"工作簿，在"学习要点"工作表上单击鼠标右键，在弹出的快捷菜单中选择【移动或复制】命令，如图7-15所示。

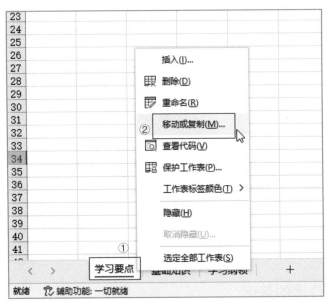

图 7-15

2 弹出【移动或复制工作表】对话框，在【将选定工作表移至工作簿】下拉列表中选择当前工作簿"计算机.xlsx"，在【下列选定工作表之前】列表框中选择【学习纲领】选项，然后勾选【建立副本】复选框，单击【确定】按钮，如图7-16所示。

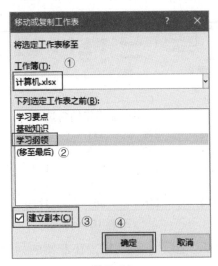

图 7-16

3 此时，"学习要点"工作表的副本"学习要点（2）"就被复制到了

117

"学习纲领"工作表之前，如图7-17所示。

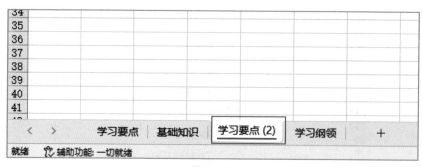

图 7-17

除了上述方法，还可以直接用鼠标拖动工作表标签实现移动操作；按住鼠标左键的同时按住【Ctrl】键，便可实现复制操作。

7.1.6 工作表的美化

1.插入 SmartArt 图形

插入 SmartArt 图形的操作步骤如下：

1 打开"公司产品半年销售量"工作表，在【插入】选项卡下，单击【插图】组中的【SmartArt】按钮，如图7-18所示。

图 7-18

2 弹出【选择 SmartArt 图形】对话框，在左侧的列表框中选择相应的选项卡，这里选择【列表】，在中间的列表框中选择需要的图形，这里选择【基本列表】选项，然后单击【确定】按钮，如图7-19所示。

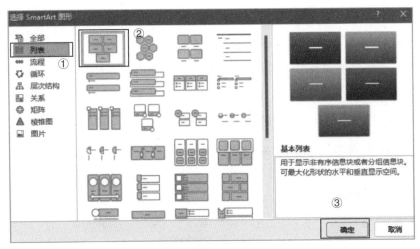

图 7-19

3. 返回工作表界面，可看到已插入的 SmartArt 图形，如图7-20所示。

	A	B	C	D	E	F	G
1	公司产品半年销售量						
2	产品　　月份	1月	2月	3月	4月	5月	6月
3	蔬菜	450	250	298	471	136	407
4	水果	560	410	241	164	374	456
5	肉类	300	260	158	452	501	123
6	海鲜类	451	148	367	471	402	705
7							
8							
9		[文本]	[文本]	[文本]			
10							
11			[文本]	[文本]			
12							
13							

图 7-20

4. 单击插入的 SmartArt 图形中任意【文本】占位符，即可在其中输入相应的信息内容，此处输入【产品】，如图7-21所示。

	A	B	C	D	E	F	G
1	公司产品半年销售量						
2	产品　　月份	1月	2月	3月	4月	5月	6月
3	蔬菜	450	250	298	471	136	407
4	水果	560	410	241	164	374	456
5	肉类	300	260	158	452	501	123
6	海鲜类	451	148	367	471	402	705
7							
8							
9		产品	[文本]	[文本]			
10							
11			[文本]	[文本]			
12							
13							

图 7-21

2.为 SmartArt 图形添加形状

为 SmartArt 图形添加形状的操作步骤如下：

1 打开"公司产品半年销售量"工作表，插入 SmartArt 图形后，先选中 SmartArt 图形，然后点击【SmartArt 设计】选项卡下【创建图形】组中的【添加形状】下拉按钮，如图7-22所示。

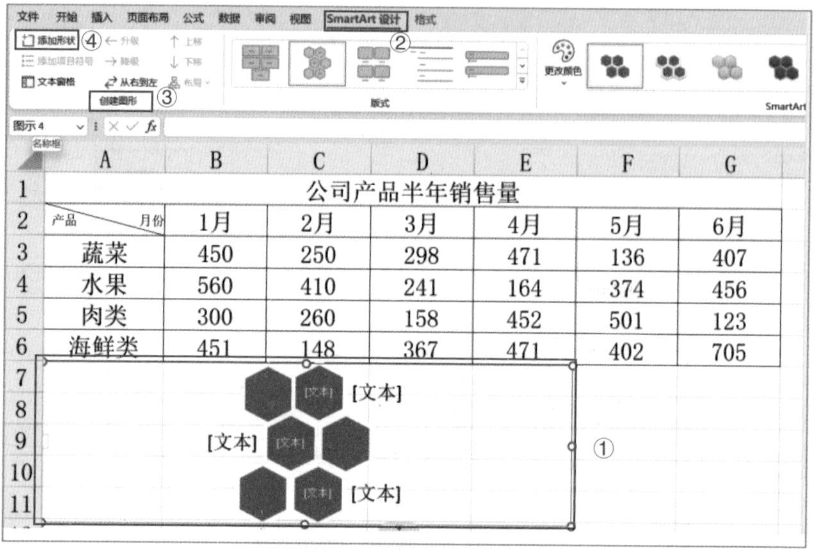

图 7-22

2 出现下拉菜单，用户根据需要选择要添加形状位置，此处选择【在后面添加形状】，如图7-23所示。

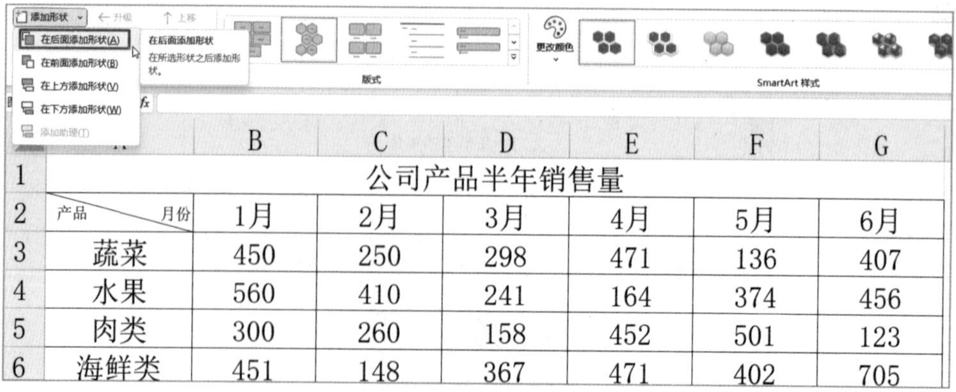

图 7-23

3 最后效果如图7-24所示。

	A	B	C	D	E	F	G
1	公司产品半年销售量						
2	产品 月份	1月	2月	3月	4月	5月	6月
3	蔬菜	450	250	298	471	136	407
4	水果	560	410	241	164	374	456
5	肉类	300	260	158	452	501	123
6	海鲜类	451	148	367	471	402	705

图 7-24

实用贴士

　　SmartArt 能够创建多种不同逻辑关系的示意图，如列表图、流程图、循环图、层次结构图、关系图、矩阵图、棱锥图、图片等，用户可根据需要选择不同的示意图。

3.更改 SmartArt 图形布局样式

更改 SmartArt 图形布局样式的操作步骤如下：

1 打开"公司产品半年销售量"工作表，插入 SmartArt 图形后，选中插入的 SmartArt 图形，点击【SmartArt 设计】选项卡下的【版式】选项组，单击【更改布局】下拉按钮，如图7-25所示。

	A	B	C	D	E	F	G
1	公司产品半年销售量						
2	产品 月份	1月	2月	3月	4月	5月	6月
3	蔬菜	450	250	298	471	136	407
4	水果	560	410	241	164	374	456
5	肉类	300	260	158	452	501	123
6	海鲜类	451	148	367	471	402	705

图 7-25

2　弹出菜单，快速选择并应用需要的布局样式，此处选择【交替六边形】，如图7-26所示。

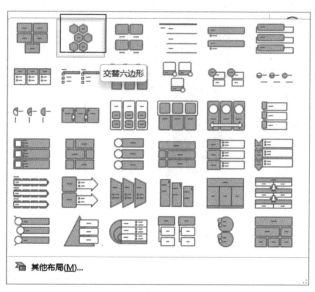

图 7-26

3　最终效果，如图7-27所示。

4　也可以在单击【更改布局】下拉按钮后，弹出的菜单中单击【其他布局】按钮，如图7-28所示。

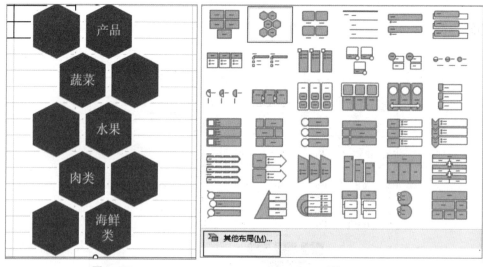

图 7-27　　　　　　　　　　　图 7-28

5 弹出【选择 SmartArt 图形】对话框，选择用户需要的布局样式，此处选择【流程】中的【基本流程】，然后单击【确定】按钮，如图7-29所示。

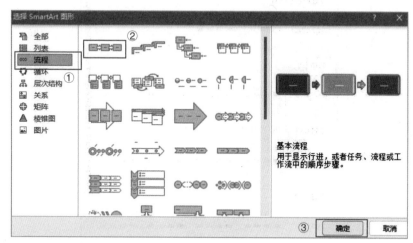

图 7-29

6 最终效果如图7-30所示。

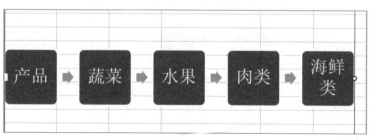

图 7-30

4.更改 SmartArt 图形颜色

更改 SmartArt 图形颜色的操作步骤如下：

1 打开"公司产品半年销售量"工作表，插入 SmartArt 图形后，点击【SmartArt 设计】选项卡下的【SmartArt 样式】选项组，单击【更改颜色】命令下拉按钮，如图7-31所示。

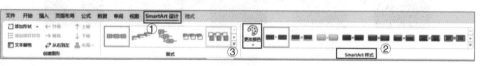

图 7-31

☑ 在弹出的下拉列表框中可以为 SmartArt 图形选择不同的颜色，此处选择
【彩色】选项下的【彩色-个性色】，如图7-32所示。

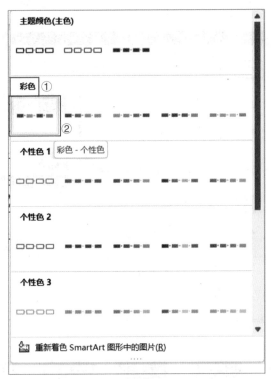

图 7-32

☑ 设置后，前后效果如图7-33、图7-34所示。

图 7-33

图 7-34

5.取消对 SmartArt 图形的操作

取消对 SmartArt 图形的操作的操作步骤如下：

1 打开"公司产品半年销售量"工作表，插入SmartArt 图形后，单击【SmartArt 设计】选项卡下的【重置】选项组，单击【重置图形】按钮，如图7-35所示。

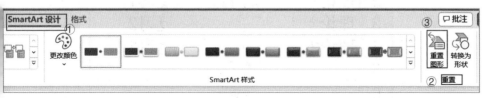

图 7-35

2 重置前后的效果，如图7-36、图7-37所示。

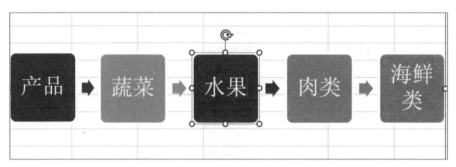

图 7-36

图 7-37

7.1.7　插入、删除单元格

插入、删除单元格的操作步骤如下：

1 打开"学习内容"工作簿，选中A2单元格并单击鼠标右键，在弹出的快捷菜单中选择【插入】命令，如图7-38所示。

2 弹出【插入】对话框，单击【活动单元格下移】单选按钮，单击【确定】按钮，如图7-39所示。

3 返回工作表，可以看到A2单元格下方内容全部下移了一个单元格，如图7-40所示。

图 7-38

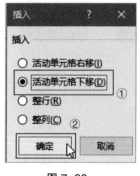

图 7-39

	A	B	C
1	上午	下午	晚上
2		实践1	复习1
3	理论1	实践2	复习2
4	理论2	实践3	复习3
5	理论2		

图 7-40

4 如果不需要某个单元格，此处选择A1单元格，在A1单元格上单击鼠标右键，在弹出的快捷菜单中选择【删除】命令，如图7-41所示。

图 7-41

5 弹出【删除】对话框，单击【下方单元格上移】单选按钮，单击【确定】
按钮，如图7-42所示。

6 效果如图7-43所示。

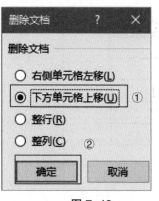

图 7-42

	A	B	C
1		下午	晚上
2	理论1	实践1	复习1
3	理论2	实践2	复习2
4	理论2	实践3	复习3
5			
6			
7			

图 7-43

7.1.8 合并、拆分单元格

合并、拆分单元格的操作步骤如下：

1 打开"学习内容"工作簿，选中需要合并的单元格区域，此处选择 A1:C1单元格区域，单击【开始】选项卡下【对齐方式】选项组中的【合并后居中】按钮，如图7-44所示。

	A	B	C	D
1	学习内容			①
2	上午	下午	晚上	
3	理论1	实践1	复习1	
4	理论2	实践2	复习2	
5	理论2	实践3	复习3	
6				
7				
8				
9				
10				

图 7-44

2 返回工作表，合并效果如图7-45所示。

	A	B	C	D
1		学习内容		
2	上午	下午	晚上	
3	理论1	实践1	复习1	
4	理论2	实践2	复习2	
5	理论2	实践3	复习3	
6				
7				

图 7-45

3 单元格合并后还可将其拆分，选中A1:C1单元格区域，再次单击【开始】选项卡下【对齐方式】选项组中的【合并后居中】按钮，或者单击【合并后居中】下拉按钮，在下拉列表中选择【取消单元格合并】选项，如图7–46所示。

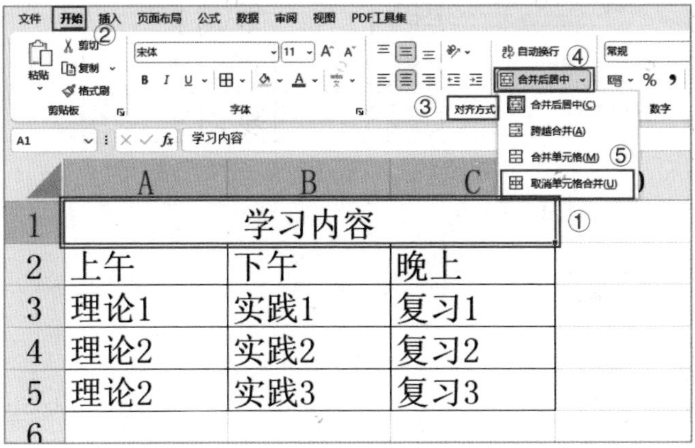

图 7–46

4 效果如图7–47所示。

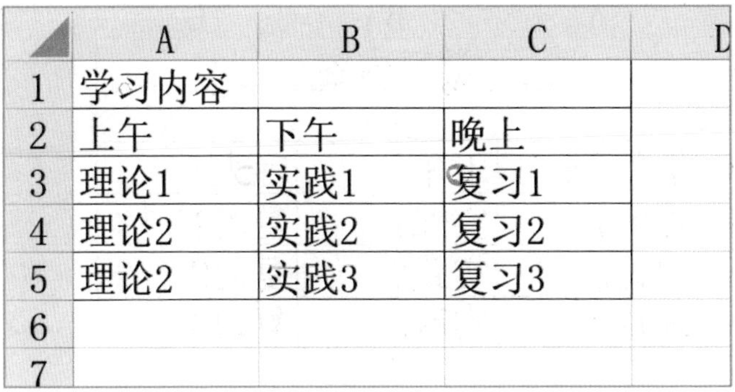

	A	B	C	D
1	学习内容			
2	上午	下午	晚上	
3	理论1	实践1	复习1	
4	理论2	实践2	复习2	
5	理论2	实践3	复习3	
6				
7				

图 7–47

7.1.9 插入、删除行和列

在工作表中插入新行，那么当前行会自动向下移动；插入新列，当前列会自动向右移动。

插入、删除行和列的操作步骤如下：

1 打开“学习内容”工作簿，选中第2行，单击鼠标右键，在弹出的快捷菜单中选择【插入】命令，如图7-48所示。

图 7-48

2 效果如图7-49所示。

图 7-49

插入列的方法与上述方法相同，这里就不再赘述。

如果想删除行，操作步骤如下：

1 先选择要删除的行，此处选择第6行，单击鼠标右键，在弹出的快捷菜单中选择【删除】命令，如图7-50所示。

2 删除后的效果如图7-51所示。

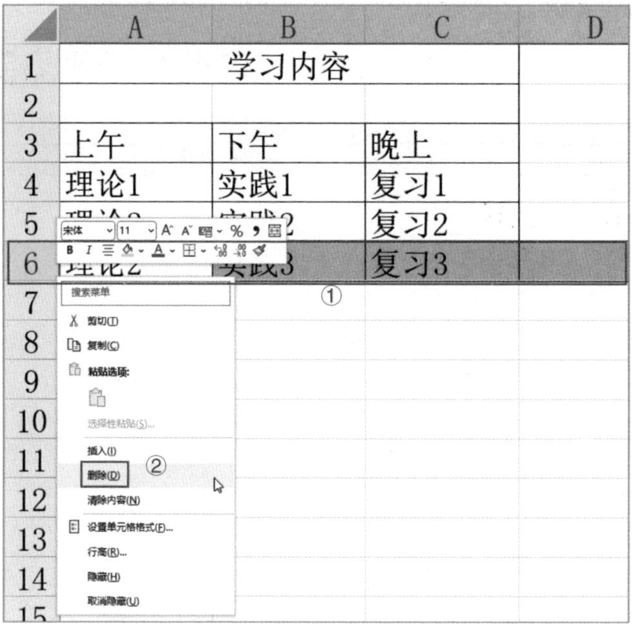

	A	B	C	D
1		学习内容		
2				
3	上午	下午	晚上	
4	理论1	实践1	复习1	
5	理论2	实践2	复习2	
6	理论3	实践3	复习3	

① ②

图 7-50

	A	B	C	D
1		学习内容		
2				
3	上午	下午	晚上	
4	理论1	实践1	复习1	
5	理论2	实践2	复习2	
6				

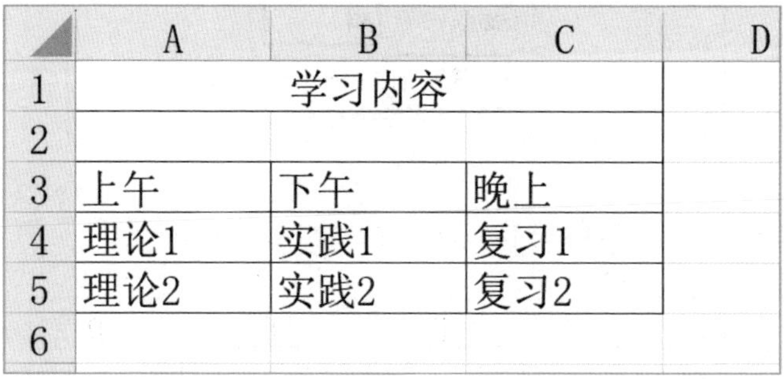

图 7-51

删除列的方法与上述方法相同，这里就不再赘述。

7.1.10 设置行高、列宽

设置行高、列宽的操作步骤如下：

1 打开"学习内容"工作簿，选中要调整尺寸的行，这里选择第1行，单击【开始】选项卡下【单元格】选项组中的【格式】下拉按钮，在展开的下拉列表中选择【行高】选项，如图7-52所示。

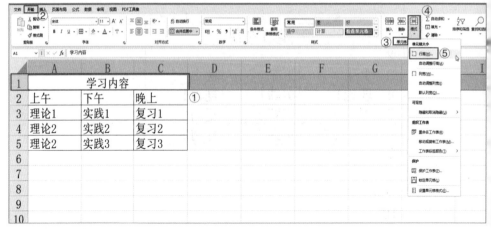

图 7-52

2 弹出【行高】对话框，在文本框中输入精确的行高值，此处设置为【40】，单击【确定】按钮，如图7-53所示。

图 7-53

3 返回工作表，可以看到第1行变高了，如图7-54所示。

	A	B	C	D
1		学习内容		
2	上午	下午	晚上	
3	理论1	实践1	复习1	
4	理论2	实践2	复习2	
5	理论2	实践3	复习3	
6				
7				

图 7-54

设置列宽的方法与上述方法相同，这里就不再赘述。

7.1.11 为单元格添加边框

为单元格添加边框的操作步骤如下:

1 打开"学习内容"工作簿,选择B1:D5单元格区域,单击【开始】选项卡下【字体】选项组中的【田】下拉按钮,在下拉菜单中选择【其他边框】选项,如图7-55所示。

图 7-55

2 弹出【设置单元格格式】对话框,在【边框】选项卡中,【样式】区域选择较粗的线,在【预置】区域选择【外边框】;再次在【样式】区域选择较细的线,在【预置】区域选择【内部】,最后单击【确定】按钮,如图7-56所示。

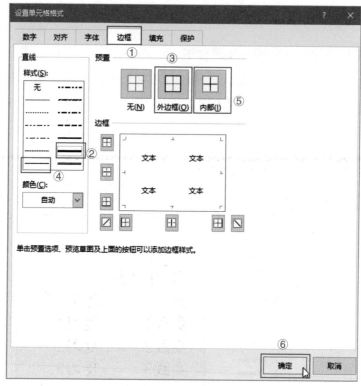

图 7-56

3 效果如图7-57所示。

	A	B	C	D	E
1		学习内容			
2		上午	下午	晚上	
3		理论1	实践1	复习1	
4		理论2	实践2	复习2	
5		理论2	实践3	复习3	
6					
7					
8					
9					

图 7-57

7.2 编辑数据

编辑数据的方式有很多，主要包括输入数据、设置单元格格式等，本节将详细介绍该部分内容。

7.2.1 输入数据

1.输入数值

数值型数据是 Excel 中最为常用的数据类型，包括整数、小数、分数、负数和科学计数等。输入整数、小数等普通数值时和输入文本一样直接输入即可。但输入分数、以 0 为开头的数据、负数等较特殊的数值时，就需要特定的输入方法了，操作步骤如下：

1️⃣ 输入分数时，需要在数字前加一个0和一个空格，如在单元格A1中输入"0 1/5"，如图7-58所示。

2️⃣ 按【Enter】键便可输入分数"1/5"，如图7-59所示。

	A	B
1	0 1/5 ⊥	
2		
3		
4		
5		
6		
7		

图 7-58

	A	B	C
1	1/5		
2			
3			
4			
5			
6			
7			

图 7-59

3️⃣ 输入以0为开头的数字，需要在数字前加英文状态的单引号，再输入以0开头的数字，如在单元格A2中输入"'009"，如图7-60所示。

4️⃣ 按【Enter】键便可输入"009"，如图7-61所示。

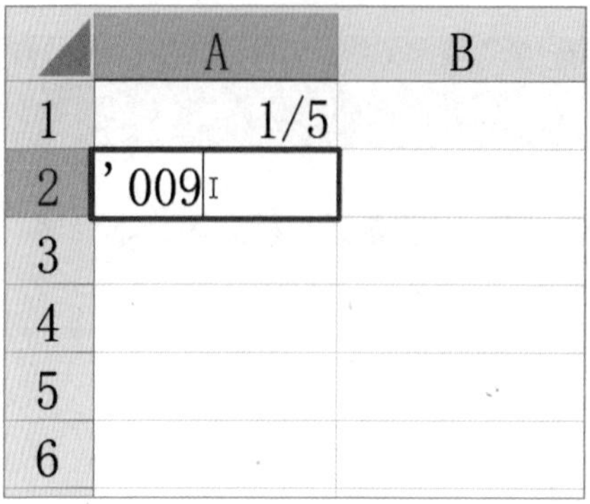

图 7-60

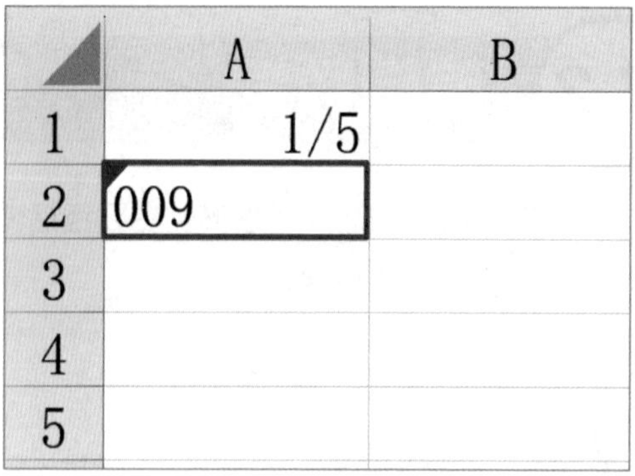

图 7-61

5 输入负数，需要给数字加小括号，如在单元格A3中输入"（8）"，如图7-62所示。

6 按【Enter】键便可输入负数"-8"，如图7-63所示。

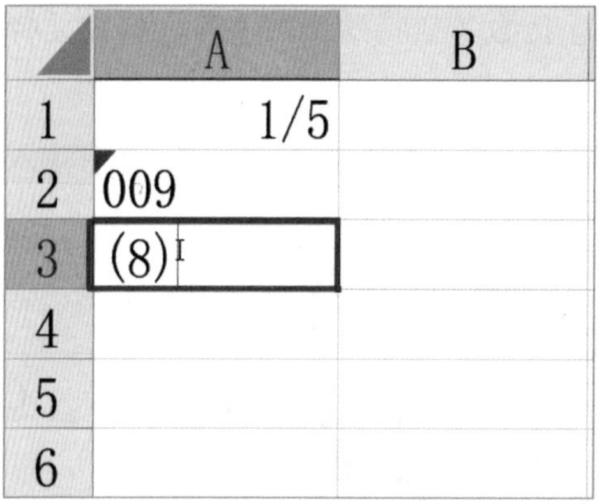

图 7-62

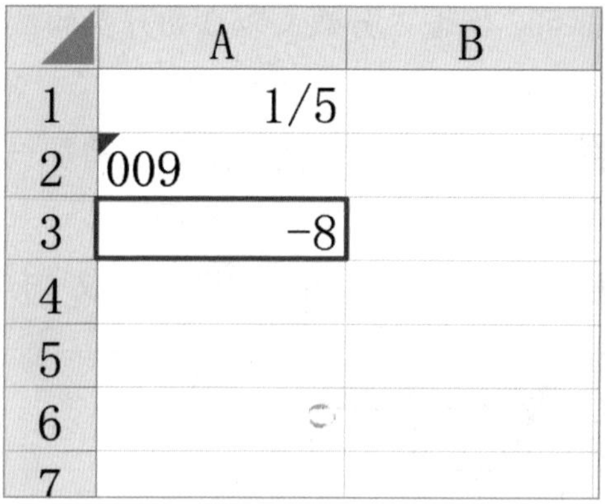

图 7-63

输入负数时，也可以直接在单元格中输入"-8"。

2.输入文本型数据

文本型数据包括汉字、英文字母、符号和空格等类型。输入文本的操作步骤如下：

双击任意单元格，此处双击 A1 单元格，输入文本"计算机学习"，按【Enter】键就能完成输入文本的操作，如图 7-64 所示。

	A	B	C
1	计算机学习		
2			
3			
4			
5			

图 7-64

7.2.2 输入日期和时间

输入日期和时间的操作步骤如下：

1. 输入日期时，需要在年、月、日之间使用"/"或"-"，此处在A1单元格中输入"2023/7/13"，按【Enter】键便可输入日期，如图7-65所示。

	A	B	C
1	2023/7/13		
2			
3			
4			
5			

图 7-65

2. 输入时间时，需要在时、分、秒之间使用":"，如在A2单元格中输入"8:30:20"，按【Enter】键便可输入时间，如图7-66所示。

	A	B	C
1	2023/7/13		
2	8:30:20		
3			
4			
5			

图 7-66

7.2.3 设置单元格格式

设置单元格格式的操作步骤如下：

1 打开"商品名称"工作簿，选中B1:B6单元格区域，单击鼠标右键，在弹出的快捷菜单中选择【设置单元格格式】命令，如图7-67所示。

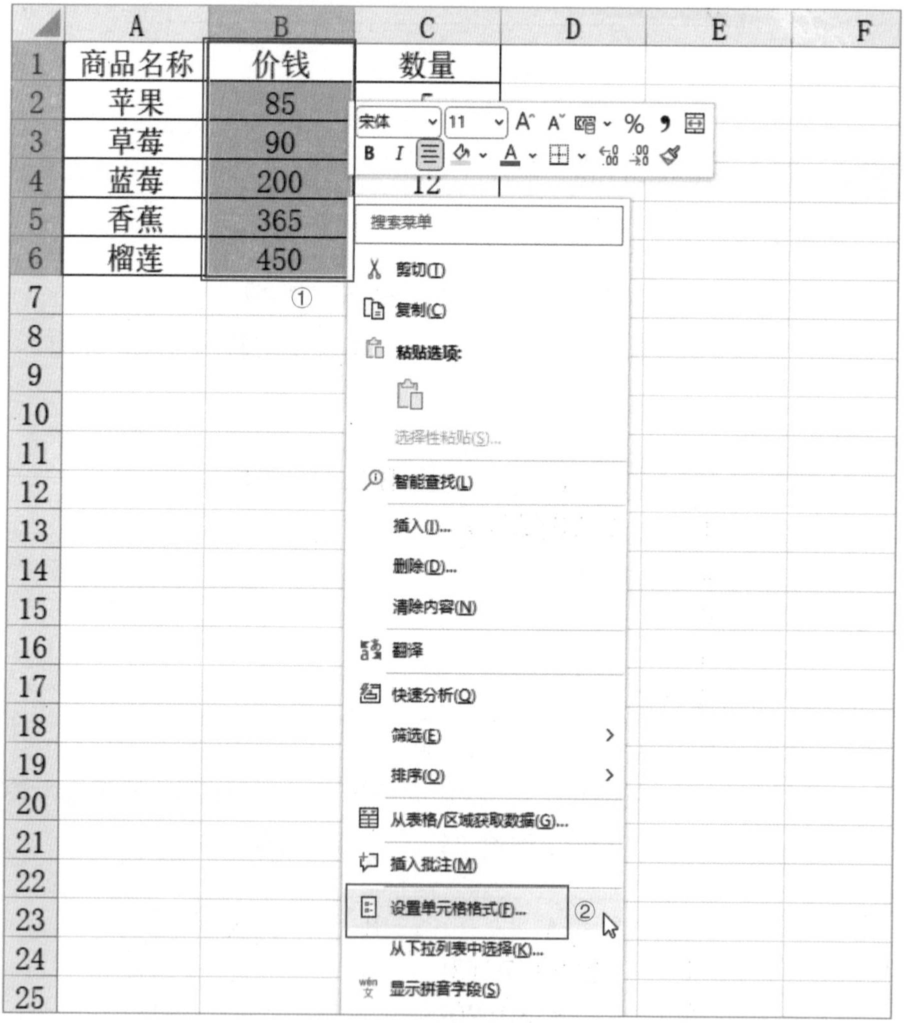

	A	B	C	D	E	F
1	商品名称	价钱	数量			
2	苹果	85				
3	草莓	90				
4	蓝莓	200	12			
5	香蕉	365				
6	榴莲	450				
7		①				

宋体 ∨ 11 ∨ A^ A˅ 🖉 ∨ % 🔾 🔲
B I ≡ ◇∨ A∨ 🔲∨ ↔ 💭 🖌

🔍 搜索菜单

✂ 剪切(T)
📋 复制(C)
📋 粘贴选项：
　📋
　选择性粘贴(S)...
🔍 智能查找(L)
　插入(I)...
　删除(D)...
　清除内容(N)
🔤 翻译
📊 快速分析(Q)
　筛选(E) ＞
　排序(O) ＞
📋 从表格/区域获取数据(G)...
💬 插入批注(M)
📇 设置单元格格式(F)... ②
　从下拉列表中选择(K)...
🈂 显示拼音字段(S)

图 7-67

2 弹出【设置单元格格式】对话框，单击【数字】选项卡下【货币】选项，【小数位数】为【2】，最后单击【确定】按钮，如图7-68所示。

3 效果如图7-69所示。

图 7-68

图 7-69

　　为数据设置【数值】【会计专用】【日期】【时间】【百分比】【分数】等格式与上述方法相同。

实用贴士

　　在 Excel 中，数值型数据包括小数、整数、科学计数（如 1.0E+1）等。负号、百分号、指数符号等数学符号都是数值。

7.3 数据处理与分析

用户对表格中的数据进行计算后，还可以通过排序、筛选、分类汇总对数据进行处理和分析，本节将详细介绍该部分内容。

7.3.1 数据排序

1.单条件排序

简单排序是按照单列数据进行升序或降序排列，简单排序的操作步骤如下：

1️⃣ 打开"员工业绩表"，选中D2:D7单元格区域，单击【数据】选项卡下【排序和筛选】选项组中的【升序】按钮，如图7-70所示。

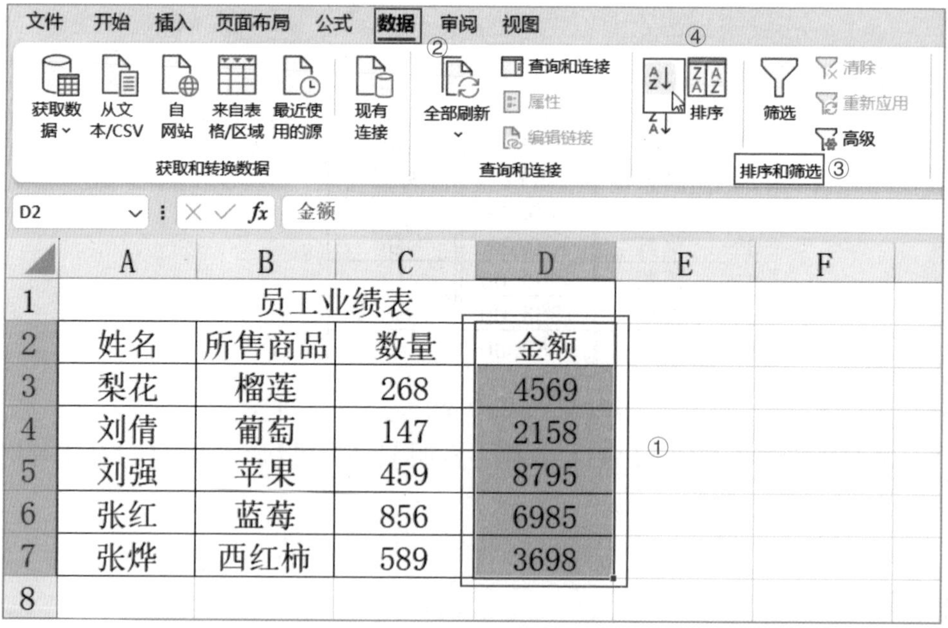

图 7-70

2️⃣ 返回工作表，可以看到工作表中的数据进行了升序排列，如图7-71所示。

	A	B	C	D
1		员工业绩表		
2	姓名	所售商品	数量	金额
3	刘倩	葡萄	147	2158
4	张烨	西红柿	589	3698
5	梨花	榴莲	268	4569
6	张红	蓝莓	856	6985
7	刘强	苹果	459	8795
8				
9				

图7-71

2.自定义排序

对数据进行自定义排序的操作步骤如下：

1 打开"员工业绩表"工作表，选中任意一个单元格，此处选择A2单元格，单击【数据】选项卡下【排序和筛选】选项组中的【排序】按钮，如图7-72所示。

	A	B	C	D	E
1		员工业绩表			
2	姓名	所售商品	数量	金额	
3	梨花	榴莲	268	4569	
4	刘倩	葡萄	147	2158	
5	刘强	苹果	459	8795	
6	张红	蓝莓	856	6985	
7	张烨	西红柿	589	3698	
8					
9					
10					

图7-72

② 弹出【排序】对话框，在【列】下的【排序依据】中选择【所售商品】，
【排序依据】保持不变，仍为【单元格值】，在【次序】下拉列表中选
择【自定义序列】选项，如图7-73所示。

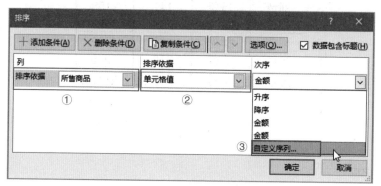

图 7-73

③ 弹出【自定义序列】对话框，在【输入序列】文本框中将"西红柿、榴
莲、苹果、葡萄、蓝莓"分别写在不同的行中，单击【添加】按钮，最
后单击【确定】按钮，如图7-74所示。

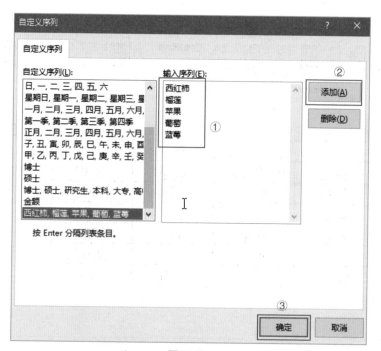

图 7-74

4 系统自动返回【排序】对话框，此时可以看到在【自定义序列】列表框中显示了自定义的顺序，单击【确定】按钮，如图7-75所示。

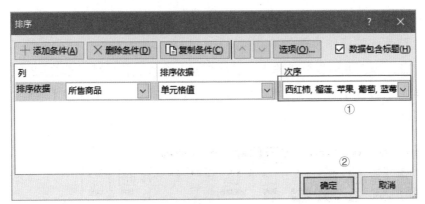

图 7-75

5 返回工作表，可以看到数据按照自定义的顺序进行了排列，如图7-76所示。

	A	B	C	D	E
1		员工业绩表			
2	姓名	所售商品	数量	金额	
3	张烨	西红柿	589	3698	
4	梨花	榴莲	268	4569	
5	刘强	苹果	459	8795	
6	刘倩	葡萄	147	2158	
7	张红	蓝莓	856	6985	
8					
9					
10					

图 7-76

实用贴士

对数据进行排序时，不仅可以按单条件、多条件和自定义序列进行排序，还能按照行、列的方式进行排序，选中需要排序的数据，单击【数据】选项卡，在【排序】对话框中单击【选项】按钮，弹出【排序选项】对话框后选择【按列排序】或【按行排序】单选按钮就能完成该操作。

7.3.2　数据筛选

1.自动筛选

自动筛选的操作步骤如下：

1　打开"员工业绩表"工作表，选中任意一个单元格，此处选择A2单元格，单击【数据】选项卡下【排序和筛选】选项组中的【筛选】按钮，如图7-77所示。

	A	B	C	D	E
1		员工业绩表			
2	姓名	所售商品	数量	金额	
3	张烨	西红柿	589	3698	
4	梨花	榴莲	268	4569	
5	刘强	苹果	459	8795	
6	刘倩	葡萄	147	2158	
7	张红	蓝莓	856	6985	
8					
9					
10					

图 7-77

2　此时可以看到工作表进入筛选状态，各标题字段右侧出现一个下拉按钮，单击"金额"右侧下拉按钮，在弹出的筛选列表中，取消勾选【全选】复选框，然后勾选4000以上的金额，单击【确定】按钮，如图7-78所示。

3　返回工作表，金额在4000以上的数据便筛选出来了，如图7-79所示。

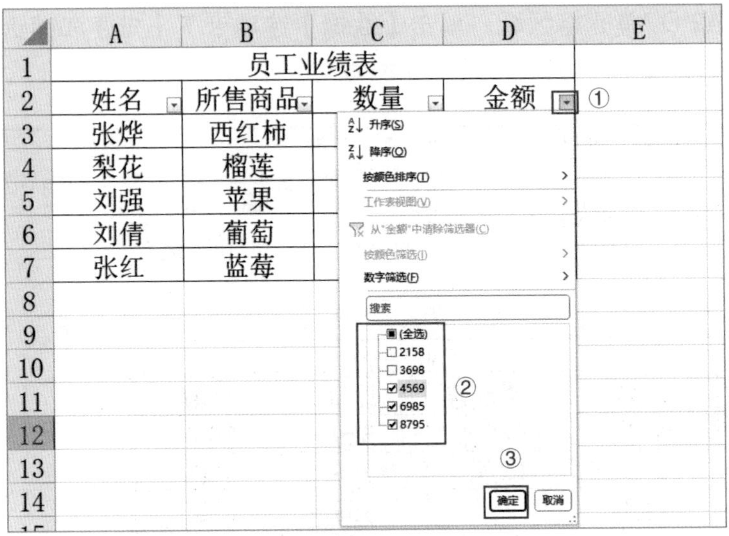

	A	B	C	D	E
1	员工业绩表				
2	姓名 ▾	所售商品▾	数量 ▾	金额 ▾	①

（①下拉菜单：）
- A↓ 升序(S)
- Z↓ 降序(O)
- 按颜色排序(T) >
- 工作表视图(V) >
- ▽ 从"金额"中清除筛选器(C)
- 按颜色筛选(I) >
- 数字筛选(F) >
- 搜索
- ☑ (全选)
  - ☐ 2158
  - ☐ 3698
  - ☑ 4569 ②
  - ☑ 6985
  - ☑ 8795
- ③
- [确定] [取消]

图 7-78

	A	B	C	D
1	员工业绩表			
2	姓名 ▾	所售商品▾	数量 ▾	金额 ▾
4	梨花	榴莲	268	4569
5	刘强	苹果	459	8795
7	张红	蓝莓	856	6985

图 7-79

2.高级筛选

高级筛选的操作步骤如下：

1 打开"员工业绩表"工作表，在E8单元格中输入"数量"，在E9单元格中输入">300"，如图7-80所示。

	A	B	C	D	E
1	员工业绩表				
2	姓名	所售商品	数量	金额	
3	张烨	西红柿	589	3698	
4	梨花	榴莲	268	4569	
5	刘强	苹果	459	8795	
6	刘倩	葡萄	147	2158	
7	张红	蓝莓	856	6985	
8					数量
9					>300
10					

图 7-80

2 选中A2:D7单元格区域，单击【数据】选项卡下【排序和筛选】选项组中的【高级】按钮，如图7-81所示。

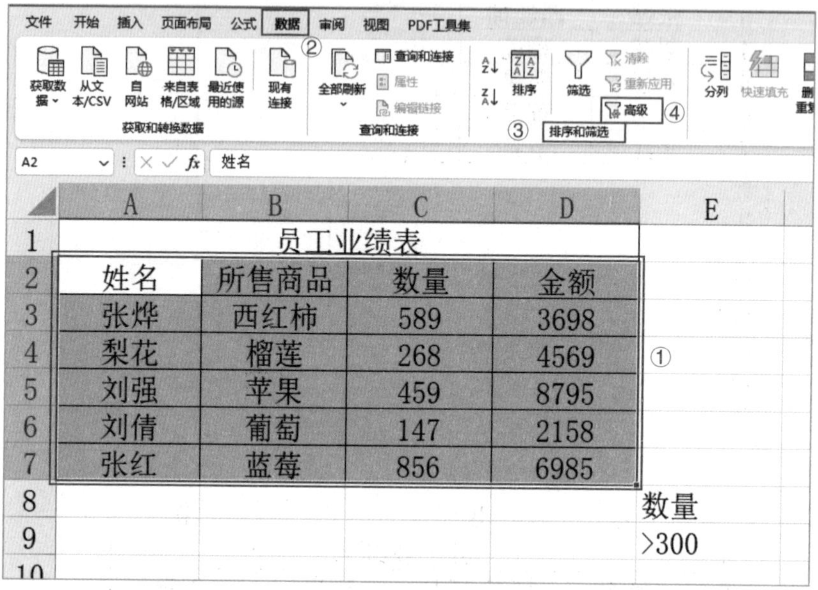

	A	B	C	D	E
1	员工业绩表				
2	姓名	所售商品	数量	金额	
3	张烨	西红柿	589	3698	
4	梨花	榴莲	268	4569	
5	刘强	苹果	459	8795	
6	刘倩	葡萄	147	2158	
7	张红	蓝莓	856	6985	
8					数量
9					>300
10					

图 7-81

3 弹出【高级筛选】对话框，将光标放在【条件区域】文本框中，在工作表中选中E8:E9单元格区域，最后单击【确定】按钮，如图7-82所示。

图 7-82

4　筛选后的效果如图7-83所示。

	A	B	C	D	E
1		员工业绩表			
2	姓名	所售商品	数量	金额	
3	张烨	西红柿	589	3698	
5	刘强	苹果	459	8795	
7	张红	蓝莓	856	6985	
8					数量
9					>300
10					
11					

图 7-83

7.3.3　数据分类汇总

1.简单分类汇总

简单分类汇总的操作步骤如下：

1　打开"员工业绩表"工作表，先将A2:D7单元格中数据进行【升序】排序，单击【数据】选项卡下【分级显示】选项组中的【分类汇总】按钮，如图7-84所示。

	A	B	C	D
1		员工业绩表		
2	姓名	所售商品	数量	金额
3	梨花	榴莲	268	4569
4	刘倩	葡萄	147	2158
5	刘强	苹果	459	8795
6	张红	蓝莓	856	6985
7	张烨	西红柿	589	3698

图 7-84

2　弹出【分类汇总】对话框，设置【分类字段】为【金额】，设置【汇总方式】为【求和】，在【选定汇总项】列表框中勾选【金额】复选框，单击【确定】按钮，如图7-85所示。

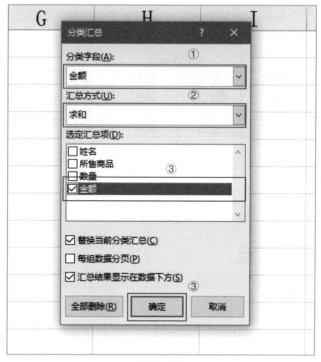

图 7-85

3 返回工作表，可以看到工作表中的数据进行了汇总，如图7-86所示。

1 2 3		A	B	C	D	E
	1			员工业绩表		
	2	姓名	所售商品	数量	金额	
	3	梨花	榴莲	268	4569	
	4			4569 汇总	4569	
	5	刘倩	葡萄	147	2158	
	6			2158 汇总	2158	
	7	刘强	苹果	459	8795	
	8			8795 汇总	8795	
	9	张红	蓝莓	856	6985	
	10			6985 汇总	6985	
	11	张烨	西红柿	589	3698	
	12			3698 汇总	3698	
	13			总计	26205	
	14					
	15					

图 7-86

2.多条件分类汇总

多条件分类汇总的操作步骤如下：

1 打开"员工业绩表"工作表，先将A2:C7单元格中数据进行【降序】排

序，然后选中A2:C7单元格区域，单击【数据】选项卡下【分级显示】
选项组中的【分类汇总】按钮，如图7-87所示。

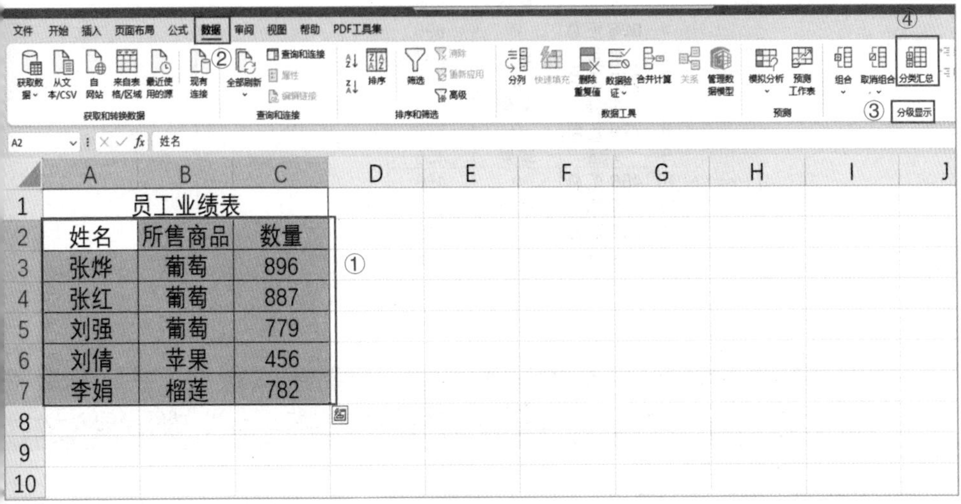

图 7-87

2 弹出【分类汇总】对话框，设置【分类字段】为【数量】，设置【汇总
方式】为【求和】，在【选定汇总项】列表框中勾选【所售商品】和
【数量】复选框，单击【确定】按钮，如图7-88所示。

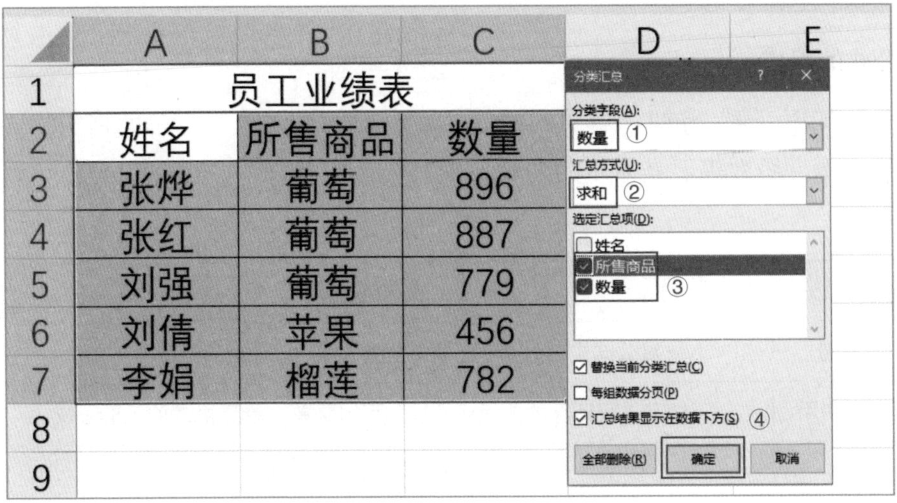

图 7-88

3 分类汇总的效果如图7-89所示。

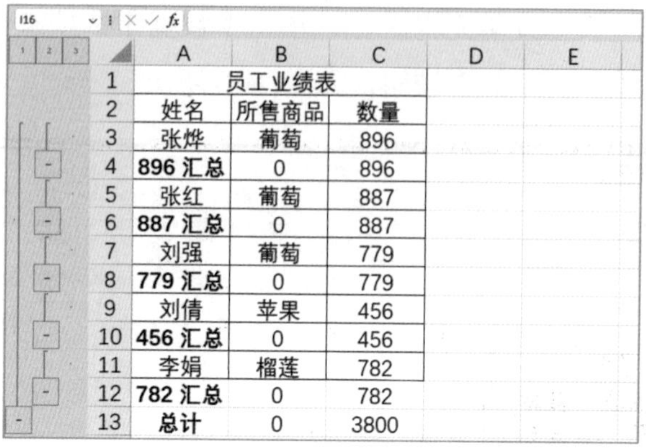

	A	B	C	D	E
1	员工业绩表				
2	姓名	所售商品	数量		
3	张烨	葡萄	896		
4	**896 汇总**	0	896		
5	张红	葡萄	887		
6	**887 汇总**	0	887		
7	刘强	葡萄	779		
8	**779 汇总**	0	779		
9	刘倩	苹果	456		
10	**456 汇总**	0	456		
11	李娟	榴莲	782		
12	**782 汇总**	0	782		
13	**总计**	0	3800		

图 7–89

7.4 公式和函数

公式和函数是员工使用 Excel 办公的重点和难点，本章将详细介绍该部分内容。

7.4.1 认识公式

1.公式的组成

公式以“=”开始，后面的组成元素一般包括运算符、单元格引用、数值或文本、函数等。具体示例如表 7–1 所示。

表 7–1

组成部分	解释说明
运算符	对公式中的元素进行特定运算的符号，如“+”“–”等
单元格引用	指定进行计算的单元格地址，可以是单个单元格或单元格区域
数值	直接输入公式中的数值
文本	直接输入公式中的文本
函数	可以是 Excel 内置函数，也可以是自定义的函数，用于返回一定的函数值

2.运算符

运算符是公式中各元素所做计算的类型，常用的运算符有算术运算符、文本运算符、比较运算符和引用运算符，具体符号和说明如表 7–2 所示。

表 7–2

运算符	符号	解释说明
算术运算符	+（加号）、–（减号）、*（乘号）、/（除号）、^（脱字符）、%（百分号）	用于完成加、减、乘、除、求幂、百分比等基本的数学运算
文本运算符	&（文本连接符）	用于将两个或两个以上的字符串连接起来
比较运算符	=（等号）、>（大于号）、<（小于号）、>=（大于等于号）、<=（小于等于号）、<>（不等号）	用于比较两个值，返回逻辑值，即 TRUE 或 FALSE
引用运算符	:（冒号）、,（逗号）、（空格）	用于合并单元格区域

3.运算符的优先级

在一个公式中，通常包含多个运算符，这时便需要按照一定的顺序进行计算。运算符优先级顺序为引用运算符、算术运算符、文本运算符、比较运算符，具体符号的先后顺序是：:（冒号）→,（逗号）→（空格）→ –（负号）→ %（百分号）→^（脱字符）→ *（乘号）、/（除号）→ +（加号）、–（减号）→ &（文本连接符）→ =（等号）、>（大于号）、<（小于号）、>=（大于等于号）、<=（小于等于号）、<>（不等号）。

7.4.2 认识函数

1.函数的结构及含义

函数的结构通常为：函数名（参数 1, 参数 2……），如"IF(A2<10000,5% *A2,7.5% *A2)"。函数各部分的含义如下：

◆ 函数名：即函数的名称，每个函数都有一个唯一的函数名，如 PMT 和 SUM 等。

◆参数：可以是数字、文本、形如 TRUE 或 FALSE 的逻辑值、数组、形如 #N/A 的错误值或单元格引用。给定的参数必须能产生有效的值。参数也可以是常量、公式或其他函数。下面是各参数的具体含义：

◆常量：是指不进行计算且不会发生改变的值，如数字 123、文本"产品销售情况"都是常量。

◆逻辑值：即 TRUE（真值）或 FALSE（假值）。

◆数组：用来建立可生成多个结果或可对在行和列中排列的一组参数进行计算的单个公式。

◆错误值：即如"#N/A""空值"或"－－"等值。

◆单元格引用：用来表示单元格在工作表中所处位置的坐标集。

用其他函数作参数：有些函数可以用作其他函数的参数，这里称为"嵌套"函数。当出现这种情况时，将首先计算最深层的嵌套表达式，然后逐渐向外扩展。如在计算函数公式"=COS(RADIANS(A1))"时会先用 RADIANS 函数将 A1 单元格中的度数值转换成弧度，再用 COS 函数计算这个角度的余弦值。

2.函数的类型

Excel 提供了很多内置函数，使用这些函数进行数据计算和分析，可大大提高工作效率和数据计算的准确率，如表 7-3 所示。

表 7-3

函数类型	解释说明	常见函数
文本函数	针对文本字符串进行一系列相关操作的一类函数	TRIM 函数、CONCAT 函数、EXACT 函数、FIND 函数、LEFT 函数和 RIGHT 函数等
逻辑函数	逻辑函数主要是用来根据不同条件对数据进行不同处理，通常使用比较运算符（如大于、小于、等于、不等于和小于等于）指定逻辑式，并用逻辑值表示最后的结果。逻辑值用 TRUE 和 FALSE 的文本表示指定条件是否成立。当条件成立时，逻辑值为 TRUE，也称为"真"；条件不成立时，逻辑值为 FALSE，也称为"假"	AND 函数、OR 函数、NOT 函数、IF 函数等

函数类型	解释说明	常见函数
统计函数	利用这一类函数可以对单元格或单元格区域的数据进行分析或统计，如求和、平均值、最大值或中值等	SUM 函数、AVERAGE 函数、COUNT 函数、COUNTBLANK 函数、MAX 函数、MIN 函数、RANK 函数等
日期函数	日期函数表示当前的日期，多用于日期的计算，如几个月后最后一天的计算或两段日期间的日期差等	DATE 函数、DAY 函数、WEEKDAY 函数、DAYS360 函数、TODAY 函数、YEAR 函数等
时间函数	时间函数主要用来分析或操作单元格中与时间有关的值，如返回时间值、将文本格式的时间转换为时间格式的序列数等	TIME 函数、NOW 函数、SECOND 函数等
数学函数	数学函数可以使一些复杂的运算操作变得简单，还可以提高运算速度，丰富运算的方法	PRODUCT 函数、MOD 函数、POWER 函数、ROUND 函数等
财务函数	用来进行财务方面的计算，如 DB 函数可返回固定资产的折旧值，IPMT 可返回投资回报的利息部分等	FV 函数、NPV 函数、DB 函数、IPMT 函数等

7.4.3　常见函数的使用

1.SUM 函数

SUM 函数用于返回某一单元格区域中所有数字之和。其语法结构为：

SUM(number1,number2…)

其中，参数 number1,number2…是要对其求和的 1 ～ 255 个参数。

练习 SUM 函数的使用方法，操作步骤如下：

1 打开"员工业绩表"工作表，在C8单元格中输入函数"=SUM(C3:C7)"，如图7-90所示。

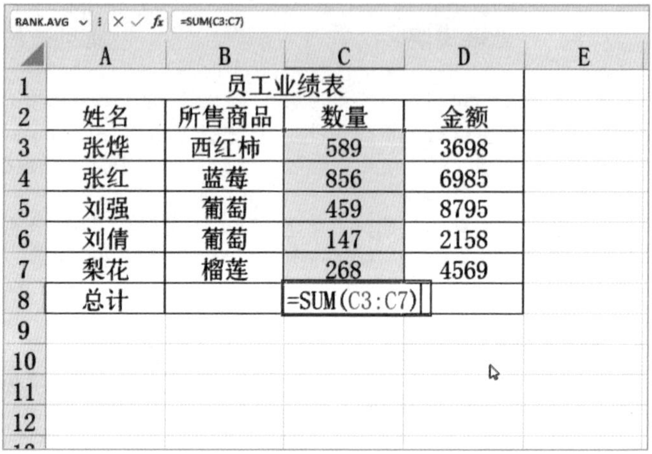

	A	B	C	D	E
1	员工业绩表				
2	姓名	所售商品	数量	金额	
3	张烨	西红柿	589	3698	
4	张红	蓝莓	856	6985	
5	刘强	葡萄	459	8795	
6	刘倩	葡萄	147	2158	
7	梨花	榴莲	268	4569	
8	总计		=SUM(C3:C7)		
9					
10					
11					
12					

图 7-90

2 按【Enter】键确认输入，如图7-91所示。

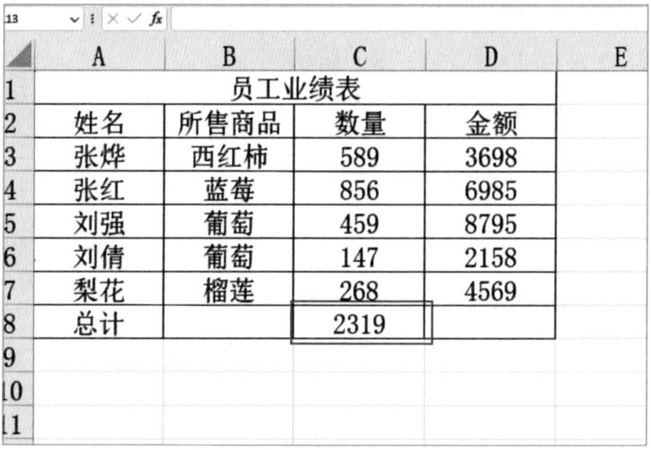

	A	B	C	D	E
1	员工业绩表				
2	姓名	所售商品	数量	金额	
3	张烨	西红柿	589	3698	
4	张红	蓝莓	856	6985	
5	刘强	葡萄	459	8795	
6	刘倩	葡萄	147	2158	
7	梨花	榴莲	268	4569	
8	总计		2319		
9					
10					
11					

图 7-91

2.AVERAGE 函数

AVERAGE 函数用于返回参数的算术平均值。其语法结构为：

AVERAGE(number1,number2…)

其中，参数 number1,number2…是要计算其平均值的 1 ~ 255 个参数。

下面使用 AVERAGE 函数求成绩的平均分，操作步骤如下：

1 打开“成绩单”工作表，在C7单元格中输入函数“=AVERAGE(C3:C6)”，如图7-92所示。

	A	B	C	D
	成绩单			
1				
2	姓名	科目	成绩	
3	张红	语文	98	
4	李华	语文	85	
5	刘倩	语文	75	
6	王华	语文	74	
7	平均成绩	=AVERAGE(C3:C6)		
8				
9				

图 7-92

2　按【Enter】键确认输入，如图7-93所示。

	A	B	C	D
1		成绩单		
2	姓名	科目	成绩	
3	张红	语文	98	
4	李华	语文	85	
5	刘倩	语文	75	
6	王华	语文	74	
7	平均成绩		83	
8				
9				

图 7-93

3.IF 函数

IF 函数依据指定的条件下计算结果为 TRUE 或 FALSE，返回不同的结果，即可用 IF 函数对数值和公式进行条件检测。其语法结构为：

IF(logical_test,value_if_true,value_if_false)

logical_test：表示计算结果为 TRUE 或 FALSE 的任意值或表达式。例如，A10=100 就是一个逻辑表达式，如果单元格 A10 中的值等于 100，表达式的计算结果为 TRUE；否则为 FALSE。

value_if_true：是 logical_test 为 TRUE 时返回的值。例如，如果此参数是文本字符串"预算内"，而且 logical_test 参数的计算结果为 TRUE，则 IF 函数显示文本"预算内"；如果 logical_test 为 TRUE 而 value_if_true 为空，则此参数返回 0（零）。

若要显示单词 TRUE，则应为此参数使用逻辑值 TRUE。value_if_true 可以是其他公式。

value_if_false：是 logical_test 为 FALSE 时返回的值。例如，此参数是文本字符串"超出预算"，而 logical_test 参数的计算结果为 FALSE，则 IF 函数显示文本"超出预算"；logical_test 为 FALSE 而 value_if_false 被省略（即 value_if_true 后没有逗号），则会返回逻辑值 FALSE；logical_test 为 FALSE 且 value_if_false 为空（即 value_if_true 后有逗号并紧跟着右括号），则会返回值 0（零），value_if_false 也可以是其他公式。

使用 IF 函数的操作步骤如下：

1 打开"成绩单"工作表，在D3单元格中输入函数"=IF(C3>=80,"优",IF(C3<80,"一般"))"，如图7-94所示。

	A	B	C	D	E	F	G
1		成绩单					
2	姓名	科目	成绩				
3	张红	语文	98	=IF(C3>=80,"优",IF(C3<80,"一般"))			
4	李华	语文	85				
5	刘倩	语文	75				
6	王华	语文	74				
7	平均成绩		83				
8							
9							

图 7-94

2 按【Enter】键确认输入，然后将鼠标指针放至D3单元格右下角，当鼠标指针变为"+"时，按住鼠标左键拖拽至D6单元格，效果如图7-95所示。

D3		: × √ fx	=IF(C3>=80,"优",IF(C3<80,"一般"))		
	A	B	C	D	E
1	成绩单				
2	姓名	科目	成绩	测评	
3	张红	语文	98	优	
4	李华	语文	85	优	
5	刘倩	语文	75	一般	
6	王华	语文	74	一般	
7	平均成绩		83	优	
8					

图 7-95

4.TODAY 函数

TODAY 函数可以返回日期格式的当前日期，其语法结构为：

TODAY()

该函数没有参数，如果包含公式的单元格的格式设置不同，则返回的日期格式也不同。

使用 TODAY 函数的操作步骤如下：

1 启动Excel，在新建的空白工作表中制作如图7-96所示的表格。

	A	B	C	D
1	年限			
2	接收时间	配送时间	预计送达时间	
3		预计5天		
4				
5				

图 7-96

2 选中A3单元格，在单元格中输入函数 "=TODAY()"，如图7-97所示。

	A	B	C	D
1	年限			
2	接收时间	配送时间	预计送达时间	
3	=TODAY()	预计5天		
4				
5				

图 7-97

157

3️⃣ 按【Enter】键确认输入，会出现创建日期，如图7-98所示。

	A	B	C	D
1		年限		
2	接收时间	配送时间	预计送达时间	
3	2023/6/19	预计5天		
4				
5				
6				

图 7-98

4️⃣ 然后在C3单元格中输入函数"=TODAY()+5"，如图7-99所示。

	A	B	C	D
1		年限		
2	接收时间	配送时间	预计送达时间	
3	2023/6/19	预计5天	=TODAY()+5	
4				
5				
6				
7				

图 7-99

5️⃣ 按【Enter】键确认输入，即可得出预计送达时间，如图7-100所示。

	A	B	C	I
1		年限		
2	接收时间	配送时间	预计送达时间	
3	2023/6/19	预计5天	2023/6/24	
4				
5				

图 7-100

5.POWER 函数

POWER 函数用来计算给定数值的乘幂。也可以用"^"运算符代替函数POWER 来表示对底数乘方的幂次，例如 6^3。其语法结构为：

POWER(number,power)

number：表示幂运算的底数。

power：表示幂运算的指数。

POWER 函数的使用步骤如下：

1️⃣ 启动Excel，在新建的空白工作簿中制作如图7-101所示的表格。

2️⃣ 选中C2单元格，在单元格内输入"=POWER(A2,B2)"，如图7-102所示。

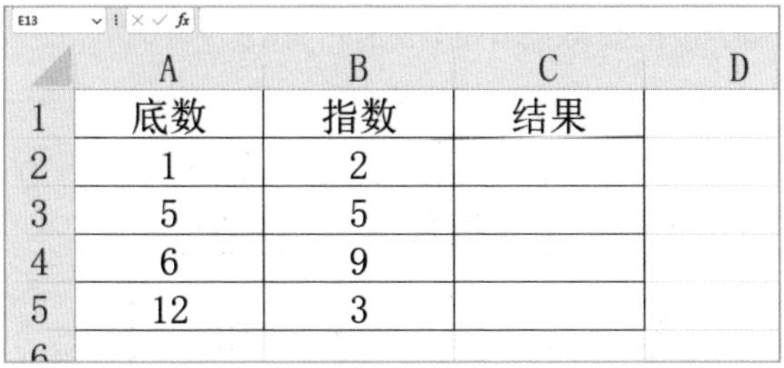

	底数	指数	结果
1	底数	指数	结果
2	1	2	
3	5	5	
4	6	9	
5	12	3	

图 7–101

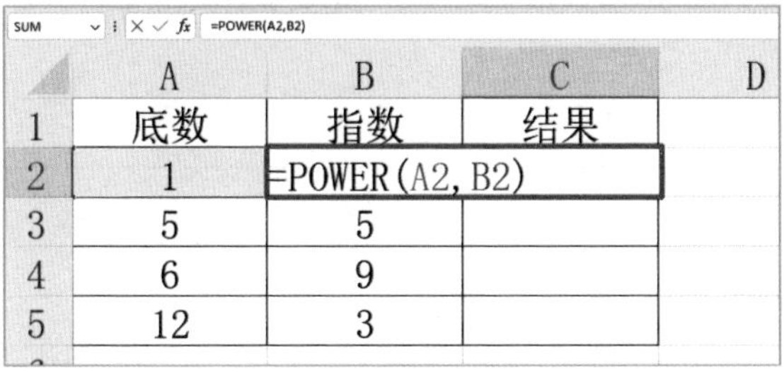

	A	B	C
1	底数	指数	结果
2	1	=POWER(A2, B2)	
3	5	5	
4	6	9	
5	12	3	

图 7–102

3 按【Enter】键确认输入，结果如图7–103所示。

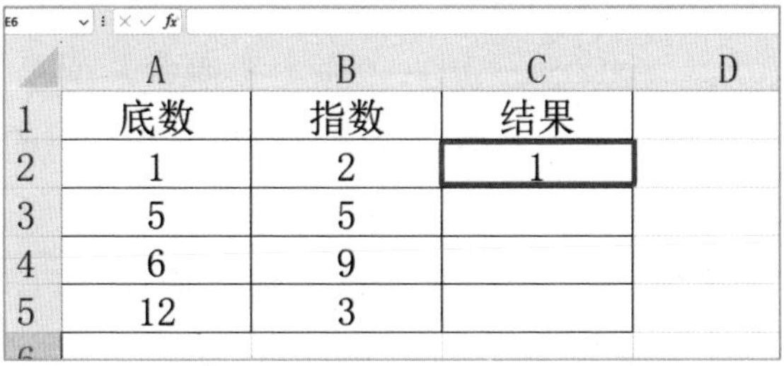

	A	B	C
1	底数	指数	结果
2	1	2	1
3	5	5	
4	6	9	
5	12	3	

图 7–103

4 重新选择C2单元格，将鼠标指针移动到单元格右下角，当其变为“+”形状时，按住鼠标左键不放拖动至C5单元格释放鼠标，如图7–104所示。

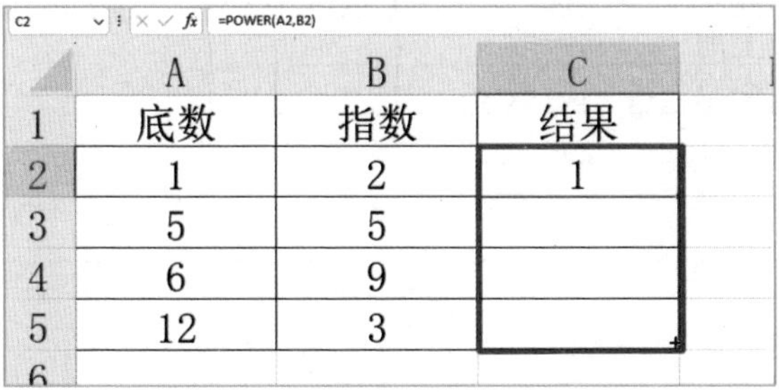

	A	B	C
1	底数	指数	结果
2	1	2	1
3	5	5	
4	6	9	
5	12	3	

图 7–104

5 就能得出C3:C5单元格区域中的结果，如图7-105所示。

	A	B	C	D
1	底数	指数	结果	
2	1	2	1	
3	5	5	3125	
4	6	9	10077696	
5	12	3	1728	
6				
7				
8				

图 7-105

6.CONCAT 函数

CONCAT 函数用于把两个或多个文本字符串合并为一个文本字符串。其语法结构为：

CONCAT(text1,text2……)

其中，参数 text1,text2……为 1~254 个将要合并成单个文本项的文本项。这些文本项可以为文本字符串、数字或对单个单元格的引用，操作步骤如下：

1 打开"工程"工作表，在D3单元格中输入函数"=CONCAT(A3,"-",B3,C3)"，如图7-106所示。

	A	B	C	D	E	F
1			工程			
2	建筑	地区	质量	合作		
3	房屋	北京	优	=CONCAT(A3,"-",B3,C3)		
4	商铺	上海	一般			
5	高塔	南京	一般			
6						
7						
8						

图 7-106

2 按【Enter】键确认输入，效果如图7-107所示。

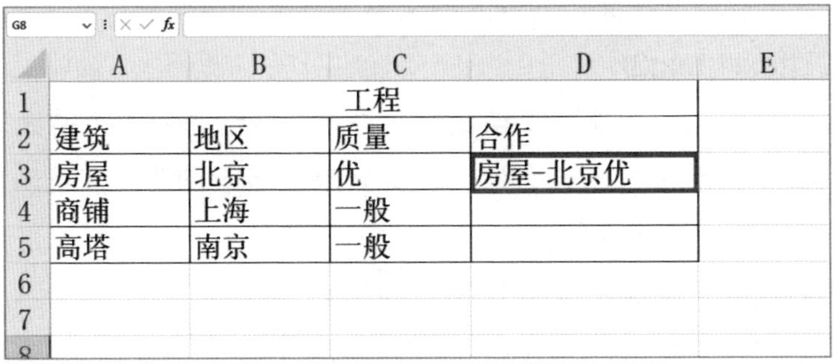

图 7-107

3 重新选择D3单元格，将鼠标指针移动到单元格右下角，当其变为"+"
形状时，按住鼠标左键不放拖动至D5单元格释放鼠标，如图7-108
所示。

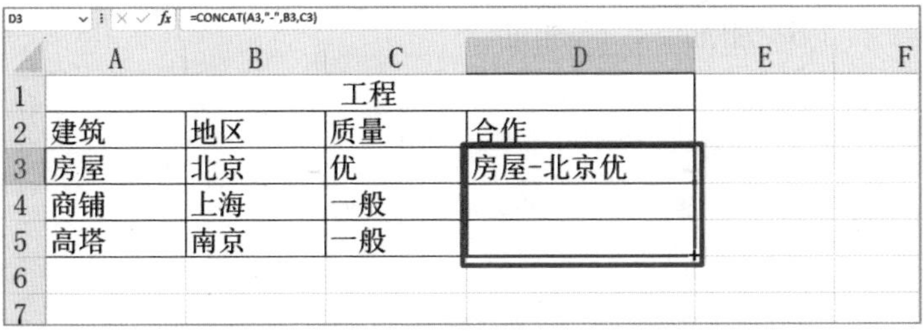

图 7-108

4 最终效果如图7-109所示。

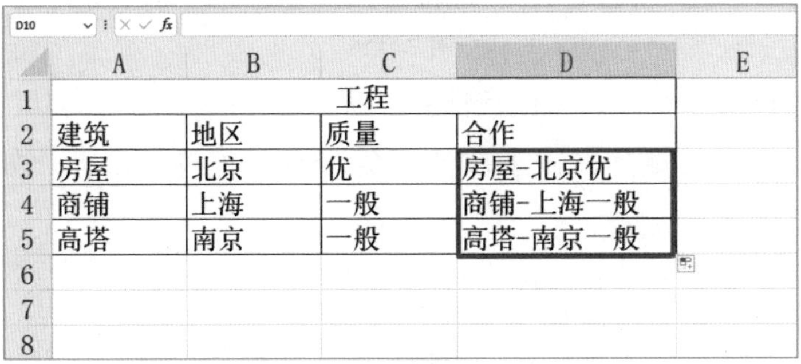

图 7-109

7.EXACT 函数

EXACT 函数用于比较两个字符串，若它们完全相同，则返回 TRUE；否

161

零基础五笔打字+电脑办公 从入门到精通

则，返回 FALSE。函数 EXACT 区分大小写，但忽略格式上的差异。利用 EXACT 函数可以测试在文档内输入的文本。其语法结构为：

EXACT(text1,text2)

其中，参数 text1 是第一个待比较字符串，text2 是第二个待比较字符串。除了用 EXACT 函数进行比较之外，还可以用前面所讲解的逻辑函数 IF 进行比较。

下面用 EXACT 函数比较两个文本字符串，操作步骤如下：

1 打开"比较文字"工作表，选中C5单元格，在单元格中输入函数"=EXACT(A5,B5)"，如图7-110所示。

	A	B	C	D
4	文档1	文档2	比较	
5	故事	gushi	=EXACT(A5,B5)	
6	加油	加油		
7				

图 7-110

2 按【Enter】键确认输入，如图7-111所示。

	A	B	C
4	文档1	文档2	比较
5	故事	gushi	FALSE
6	加油	加油	

图 7-111

3 重新选择C5单元格，将鼠标指针移动到单元格右下角，当其变为"+"形状时，按住鼠标左键不放拖动至C6单元格释放鼠标，如图7-112所示。

	A	B	C
4	文档1	文档2	比较
5	故事	gushi	FALSE
6	加油	加油	
7			

图 7-112

162

4 最终效果如图7-113所示。

图 7-113

8.DAYS360 函数

DAYS360 函数是按照一年 360 天的算法（每月以 30 天计，一年共计 12 个月），返回两个日期之间相差的天数，常用于一些会计计算中。其语法结构为：

DAYS360(start_date,end_date,method)

start_date,end_date：代表计算期间天数的起止日期。

method：为一个逻辑值，它指定了在计算中是采用欧洲方法还是美国方法。

下面使用 DAYS360 函数计算购买某产品的开始日到结束日之间的天数，操作步骤如下：

1 打开"年限"工作表，选中 C3 单元格，在 C3 单元格中输入函数 "=DAYS360(A3,B3,FALSE)"，如图7-114所示。

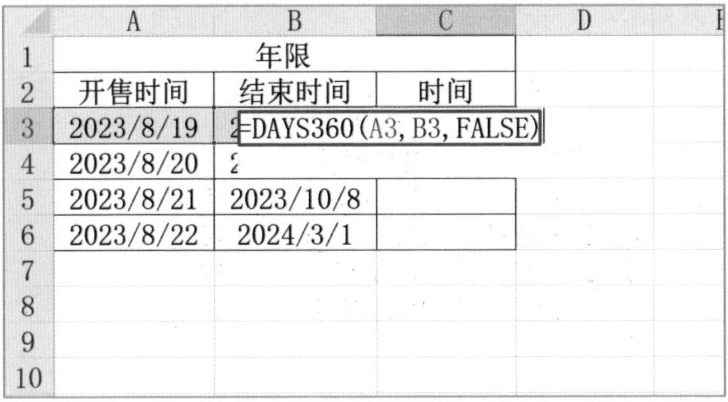

图 7-114

2　按【Enter】键确认输入，如图7-115所示。

	A	B	C	D
1		年限		
2	开售时间	结束时间	时间	
3	2023/8/19	2023/9/4	15	
4	2023/8/20	2023/10/5		
5	2023/8/21	2023/10/8		
6	2023/8/22	2024/3/1		
7				
8				

图 7-115

3　重新选择C3单元格，将鼠标指针移动到单元格右下角，当其变为"+"形状时，按住鼠标左键不放拖动至C6单元格释放鼠标，效果如图7-116所示。

C3　=DAYS360(A3,B3,FALSE)

	A	B	C	D
1		年限		
2	开售时间	结束时间	时间	
3	2023/8/19	2023/9/4	15	
4	2023/8/20	2023/10/5		
5	2023/8/21	2023/10/8		
6	2023/8/22	2024/3/1		
7				
8				

图 7-116

4　最终效果如图7-117所示。

	A	B	C	D
1		年限		
2	开售时间	结束时间	时间	
3	2023/8/19	2023/9/4	15	
4	2023/8/20	2023/10/5	45	
5	2023/8/21	2023/10/8	47	
6	2023/8/22	2024/3/1	189	
7				

图 7-117

9.FACT 函数

FACT 函数用来计算给定正数值的阶乘，一个数的阶乘等于 1*2*3*……其语法结构为：

FACT(number)

其中，参数 number 为要计算其阶乘的非负数。如果 number 不是整数，则截尾取整。使用 FACT 函数的操作步骤如下：

1　启动Excel，在新建的空白工作簿中制作如图7-118所示的表格。

	A	B	C
1	数据	阶乘	
2	5		
3	5		
4	12		
5	6		

图 7-118

2　选中B2单元格，在单元格内输入“=FACT(A2)”，如图7-119所示。

	A	B	C
1	数据	阶乘	
2	5	=FACT(A2)	
3	5		
4	12		
5	6		

图 7-119

3　按【Enter】键确认输入，如图7-120所示。

	A	B	C
1	数据	阶乘	
2	5	120	
3	5		
4	12		
5	6		

图 7-120

4 重新选择B2单元格，将鼠标指针移动到单元格右下角，当其变为"+"形状时，按住鼠标左键不放拖动至B5单元格释放鼠标，如图7-121所示。

	A	B
1	数据	阶乘
2	5	120
3	5	
4	12	
5	6	
6		

图 7-121

5 就能得出C3:C5单元格区域中的结果，如图7-122所示。

	A	B
1	数据	阶乘
2	5	120
3	5	120
4	12	479001600
5	6	720
6		

图 7-122

10.LN 函数

LN 函数用来返回一个数的自然对数，常用于数学、物理工程等领域。自然对数以常数项 e(2.71828182845904) 为底，其语法结构为：

LN(number)

其中，参数 number 是用于计算其自然对数的正实数。使用 LN 函数的操作步骤如下：

1 打开"函数"工作表，选中B3单元格，在单元格内输入"=LN(A3)"，如图7-123所示。

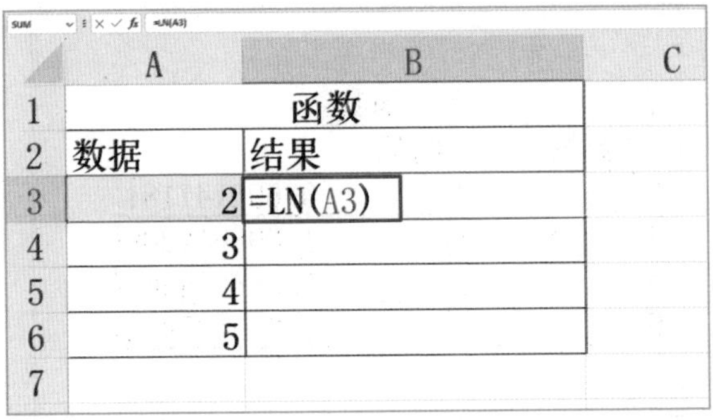

	A	B
1	函数	
2	数据	结果
3	2	=LN(A3)
4	3	
5	4	
6	5	
7		

图 7–123

2 按【Enter】键确认输入，如图7–124所示。

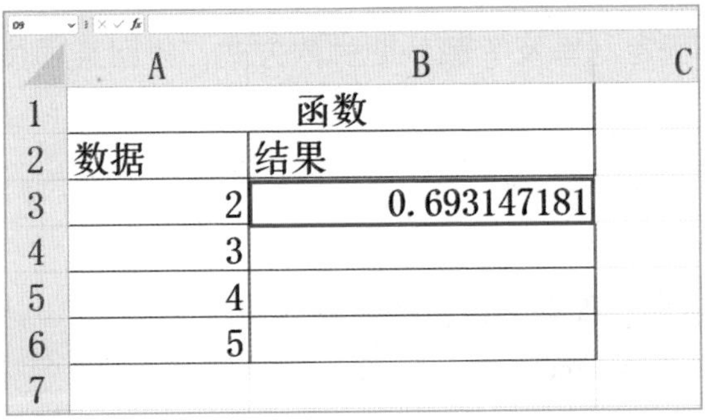

	A	B
1	函数	
2	数据	结果
3	2	0.693147181
4	3	
5	4	
6	5	
7		

图 7–124

3 重新选择B3单元格，将鼠标指针移动到单元格右下角，当其变为“+”形状时，按住鼠标左键不放拖动至B6单元格释放鼠标，如图7–125所示。

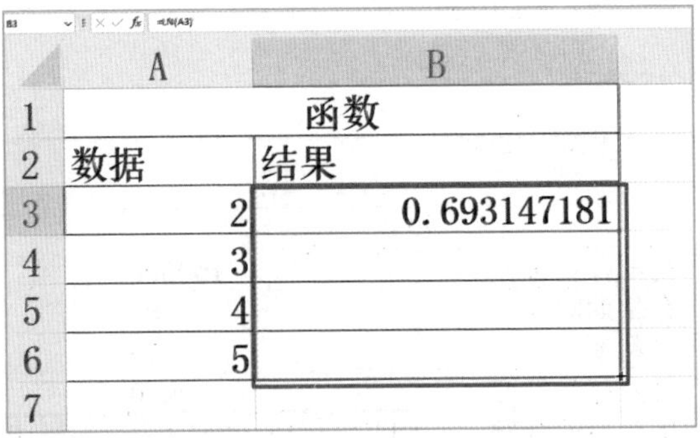

	A	B
1	函数	
2	数据	结果
3	2	0.693147181
4	3	
5	4	
6	5	
7		

图 7–125

4 就能得出B4:B6单元格区域中的结果，如图7–126所示。

	A	B
1	函数	
2	数据	结果
3	2	0.693147181
4	3	1.098612289
5	4	1.386294361
6	5	1.609437912
7		

图 7–126

11.FV 函数

FV 函数基于固定利率及等额分期付款方式，返回某项投资的未来值。其语法结构为：

FV(rate,nper,pmt,pv,type)

rate：各期利率。

nper：总投资期，即该项投资的付款期总数。

pmt：各期所应支付的金额。

pv：现值，即从该项投资开始计算时已经入账的款项，或一系列未来付款的当前值的累积和，也称为本金。

type：数字 0 或者 1，0 为期末，1 为期初。

使用 FV 函数的操作步骤如下：

1 打开“投资”工作表，选中B6单元格，在单元格中输入“=FV(B4/12,B3*12,–B5,–B2,0)”，如图7–127所示。

	A	B	C
1	投资		
2	初期存款金额	100000	
3	存款期限（年）	10	
4	年利率	5%	
5	每月存款额度	2000	
6	10年后的金额	=FV(B4/12, B3*12, -B5, -B2, 0)	
7			

图 7–127

2　按【Enter】键确认输入，如图7-128所示。

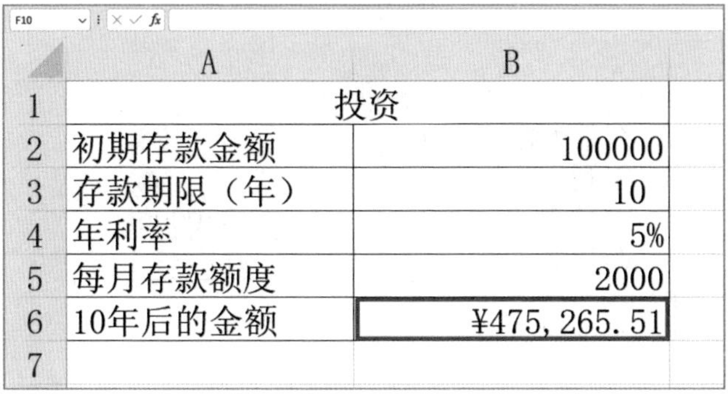

	A	B
1	投资	
2	初期存款金额	100000
3	存款期限（年）	10
4	年利率	5%
5	每月存款额度	2000
6	10年后的金额	¥475, 265. 51
7		

图 7-128

12.PV 函数

PV 主要用于计算投资的现值，其语法结构为：

PV(rate,nper,pmt,[FV],[type])

rate：表示年利率，一般用百分比表示。

nper：指还款期数。

pmt：每期支付的金额。

FV：金额到期后的金额，通常为 0。

type：支付的类型。

使用 PV 函数的操作步骤如下：

1　打开“金额”工作表，选中B5单元格，在单元格中输入“=PV(B3,B2,0,B4)”，如图7-129所示。

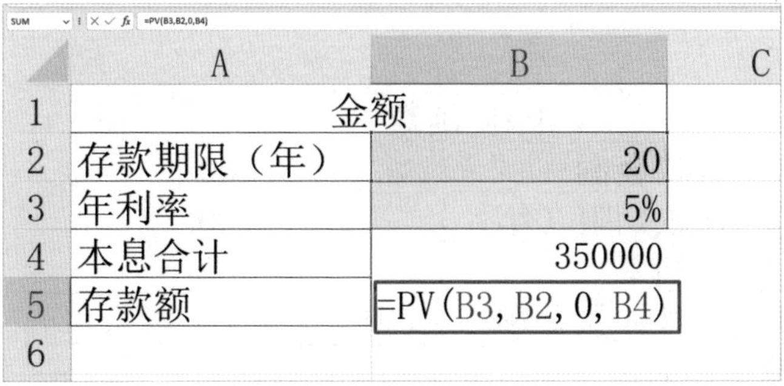

	A	B	C
1	金额		
2	存款期限（年）	20	
3	年利率	5%	
4	本息合计	350000	
5	存款额	=PV(B3, B2, 0, B4)	
6			

图 7-129

2　按【Enter】键确认输入，如图7-130所示。

	A	B	C
1	金额		
2	存款期限（年）	20	
3	年利率	5%	
4	本息合计	350000	
5	存款额	-131,911.32	
6			
7			

图 7-130

13.PMT 函数

　　PMT 函数可在固定利率及等额分期付款方式的基础上，返回贷款的每期付款额。其语法结构为：

　　PMT(rate,nper,pv,fv,type)

　　rate：贷款利率。

　　nper：该项贷款的付款总数。

　　pv：现值，即从该项投资开始计算时已经入账的款项，或一系列未来付款的当前值的累积和，也称为本金。

　　fv：未来值，或在最后一次付款后希望得到的现金余额。

　　type：数字 0 或者 1，0 为期末，1 为期初。

　　使用 PMT 函数的操作步骤如下：

1　打开 "PMT函数" 工作表，选中B5单元格，在单元格中输入 "=PMT(B4/12,B3*12,B2)"，如图7-131所示。

	A	B	C
1	PMT 函数		
2	贷款金额	350000	
3	存款期限（年）	20	
4	年利率	6%	
5	每月存款金额	=PMT(B4/12,B3*12,B2)	
6			

图 7-131

2 按【Enter】键确认输入，如图7-132所示。

	A	B	C
1	PMT 函数		
2	贷款金额	350000	
3	存款期限（年）	20	
4	年利率	6%	
5	每月存款金额	¥-2,507.51	
6			
7			

图 7-132

14.RATE 函数

RATE 函数可用于返回年金的各期利率。其语法结构为：

RATE(nper,pmt,pv,fv,type)

nper：总投资期，即该项投资的付款总期数。

pmt：各期所应支付的金额。

pv：现值，即从该项投资开始计算时已经入账的款项，或一系列未来付款的当前值的累积和，也称为本金。

fv：未来值，或在最后一次付款后希望得到的现金余额。

type：数字 0 或者 1，0 为期末，1 为期初。

使用 RATE 函数的操作步骤如下：

1 打开"函数"工作表，选中B5单元格，在单元格中输入"=RATE(B3*12,-B4,B2)*12"，如图7-133所示。

	A	B	C	D
1	函数			
2	贷款金额	100000		
3	存款期限（年）	20		
4	每月还款金额	3000		
5	年利率	=RATE(B3*12,-B4,B2)*12		
6				
7				

图 7-133

2 按【Enter】键确认输入，如图7-134所示。

	A	B	C
1	函数		
2	贷款金额	100000	
3	存款期限（年）	20	
4	每月还款金额	3000	
5	年利率	36%	
6			

图 7-134

7.4.4 处理公式中的错误

　　Excel 具有公式审核的功能，可以处理公式中的错误，能大大降低使用公式时发生错误的概率，本节带领用户先了解公式的错误类型，再学习如何检查公式。

1.公式返回的错误值

　　◆ #### 错误：出现这种错误通常是因为单元格的列宽不够，其中的内容无法完全显示在单元格中，或者单元格的日期和时间公式产生了一个负值。遇到此种情况，一种办法是增加单元格的列宽，可以在【开始】选项卡下，单击【单元格】选项组中的【格式】按钮，再选择【自动调整列宽】选项；另一种办法是应用正确的数字格式，保证日期和时间公式的准确性。

　　◆ #DIV/0！错误：这种错误多发生在除数为零时，例如公式"=7/0"。遇到此种情况应先确定函数或公式中的除数不为零或不是空白单元格，如除数为零就将除数更改为非零值；在引用的单元格为空白单元格的时候，Excel将其默认为零，这就必须修改单元格的引用或在单元格中输入不为零的数值。

◆ #N/A 错误：这种错误产生的原因主要是公式中没有了可用数值或 HLOOKUP、LOOKUP、MATCH 或 VLOOKUP 工作表函数的 lookup-value 参数赋予了不适当的值，遇到此种情况可以在单元格中输入 "#N/A"，公式在引用这类单元格时将不进行数值计算，而是返回 #N/A 或检查 lookup-value 参数值的类型是否正确，如应该引用值或单元格却引用了区域。

◆ #NAME? 错误：这种错误多发生在公式中使用了 Excel 无法识别的文本，遇到此种情况时先确认公式中名称的存在；查看公式中输入的文本有没有使用双引号，若未使用双引号那么 Excel 将默认其为名称，所以必须将其加上双引号；工作簿和工作表的名字中包含非字母字符和空格的必须用单引号括起来。

◆ #NUM! 错误：这种错误多出现在公式或函数中使用无效数值时。产生错误的原因是在需要数字参数的函数中使用了无法接受的参数。遇到此种情况首先必须确保函数中使用的参数是数字，例如，即使要输入的值是 "￥1000"，也应在公式中输入 "1000"。

◆ #NULL！错误：这种错误多出现在用户指定并不相交的两个区域的交点之时，产生错误的原因是使用了不正确的区域运算符，遇到此种情况必须检查在引用连续单元格时，是否用英文状态下冒号分隔引用的单元格区域中的第一个单元格和最后一个单元格，如未分隔或引用不相交的两个区域则一定要使用逗号将其分隔开来。

◆ #REF! 错误：单元格引用无效时就会出现该错误值，原因是删除其他公式所引用的单元格，或将已移动的单元格粘贴到其他公式所引用的单元格中，遇到此情况需更改公式和在删除或粘贴单元格之后恢复工作表中的单元格。

◆ #VALUE! 错误：公式自动更正功能不能更正公式或使用的参数或操作数类型错误时这种错误就会出现。在这种情况下，首先确认公式和函数所需的运算符或参数是否正确，然后查看公式引用的单元格中是否包含有效的数值。

实用贴士

除了以上错误，还有一种常见的错误，即单元格被"#"填满，如【TP 井号】，出现这种错误的原因有两种，一是单元格的列宽太小，无法容纳输入的内容。二是使用 1900 日期系统时在单元格中输入了负的日期或时间。

2.使用公式错误检查器

使用公式错误检查器的操作步骤如下：

1️⃣ 打开"工作能力"工作表，当Excel检测到单元格中公式、函数等出现错误时，该单元格的左上角将显示一个橙色的三角形，如图7-135所示。

	A	B	C	D	E	F	G	H	I
1					工作能力				
2	姓名　出勤天数	一月	二月	三月	四月	五月	六月	总出勤天数	工作能力
3	张怡	12	16	20	18	20	20	106	#NAME?
4	刘庆	5	15	26	25	19	14	104	#NAME?
5	王恒	15	19	21	21	18	13	107	#NAME?
6	张丽丽	23	21	10	14	27	24	119	#NAME?
7	胡军	23	27	13	16	20	26	125	#NAME?
8									
9									
10									
11									
12									

图 7-135

2️⃣ 单击这个按钮，会弹出如图7-136所示的菜单。菜单顶部的文字说明了该单元格的错误类型，此处是【"无效名称"错误】。

3️⃣ 单击【错误检查选项】弹出【Excel 选项】对话框，单击【公式】选项，在【错误检查】选项下，只有勾选【允许后台错误检查】复选框，单击【确定】按钮，才能启动公式错误检查功能，如图7-137所示。

B	C	D	E	F	G	H	I
工作能力							
一月	二月	三月	四月	五月	六月	总按出勤天数	工作能力
12	16	20	18	20	20	106 ⚠ ▾	#NAME?
5	15	26	25	19		"无效名称"错误	#NAME?
15	19	21	21	18		关于此错误的帮助(H)	#NAME?
23	21	10	14	27		显示计算步骤(C)	#NAME?
23	27	13	16	20		忽略错误(I)	#NAME?
						在编辑栏中编辑(F)	
						错误检查选项(O)...	

图 7-136

图 7-137

175

3.监视单元格中公式

在 Excel 中，可以使用【监视窗口】功能对公式进行监视，锁定某个单元格中的公式后，就可以显示出被监视单元格的实际情况，操作步骤如下：

1 打开"某班月考成绩统计表"工作表，选择【公式】选项卡，单击【公式审核】选项组中的【监视窗口】按钮，如图7-138所示。

2 弹出【监视窗口】窗格，单击窗格中的【添加监视】按钮，如图7-139所示。

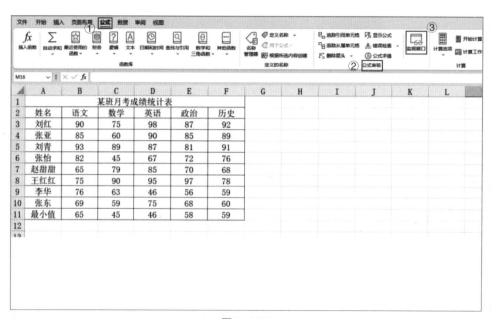

图 7-138

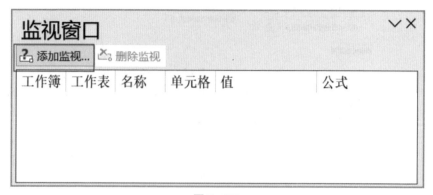

图 7-139

3　弹出【添加监视点】对话框，在【选择您想监视其值的单元格】下面选择需要添加的单元格，点击B11单元格，即可在该对话框中出现所选单元格的位置，然后点击【添加】按钮，如图7-140所示。

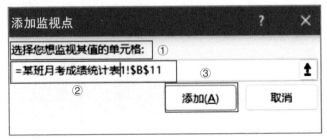

图 7-140

4　添加完需要监视的单元格以后，会自动返回【监视窗口】窗格，此时会发现该界面发生了变化，如图7-141所示。

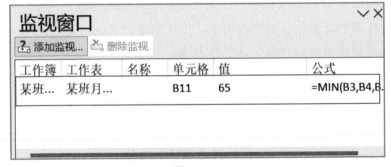

图 7-141

5　如果需要删除监视的单元格，可以在选中监视的单元格后，单击【删除监视】按钮，如图7-142所示。

监视窗口 ∨×

添加监视... 删除监视 ②

工作簿	工作表	名称	单元格	值	公式
某班...	某班月...		B11	65	=MIN(B3,B4,B.

①

图 7-142

6 然后关闭窗格右上角的【×】即可，如图7-143所示。

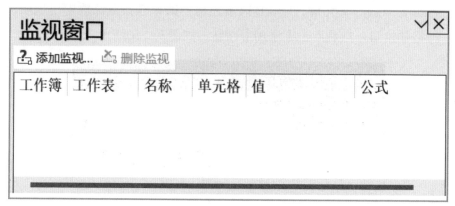

图 7-143

4.分步求值

单元格中的公式比较复杂时，检查错误公式的效率就会降低，这时可以使用系统自带的公式的分步检查功能，操作步骤如下：

1 打开"某班月考成绩统计表"工作表，选中要分步检查公式的单元格，这里选中B11单元格，如图7-144所示。

B11		=MIN(B3,B4,B5,B6,B7,B8,B9,B10)			
	A	B	C	D	E	F
1	某班月考成绩统计表					
2	姓名	语文	数学	英语	政治	历史
3	刘红	90	75	98	87	92
4	张亚	85	60	90	85	89
5	刘青	93	89	87	81	91
6	张怡	82	45	67	72	76
7	赵甜甜	65	79	85	70	68
8	王红红	75	90	95	97	78
9	李华	76	63	46	56	59
10	张东	69	59	75	68	60
11	最小值	65	45	46	56	59
12						

图 7-144

2 在【公式】选项卡下，单击【公式审核】选项组中的【公式求值】按钮，如图7-145所示。

3 弹出【公式求值】对话框，在【求值】下方的列表框中可以看到该单元格中的公式，单击【求值】按钮，如图7-146所示。

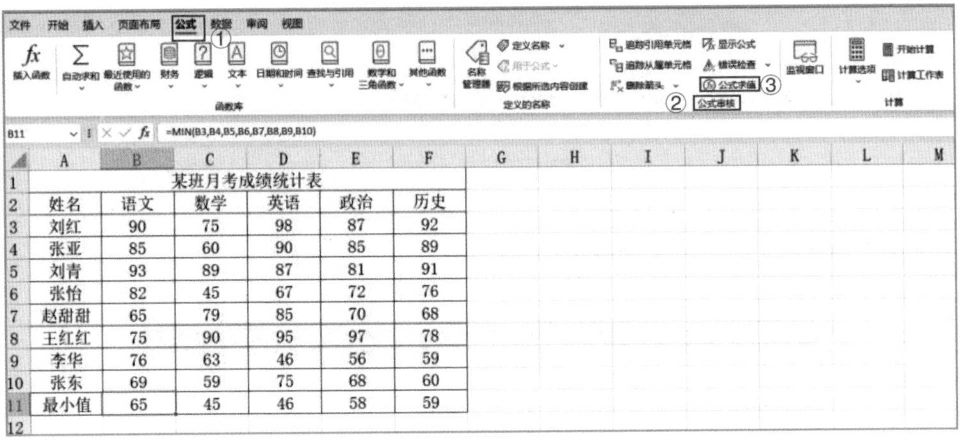

图 7-145

图 7-146

4 会发现列表框中的公式代入了B11单元格的值，如图7-147所示。

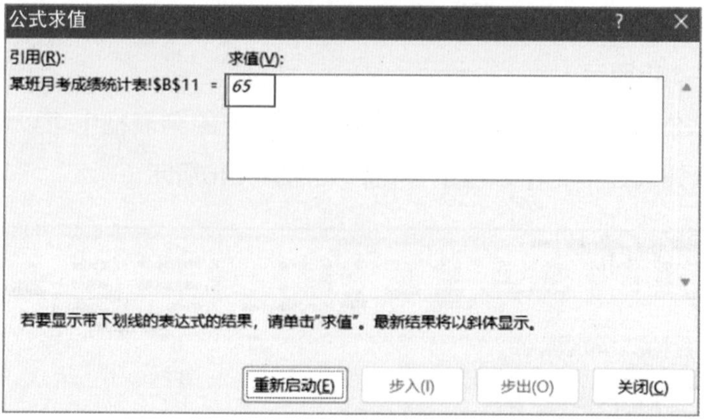

图 7-147

5 单击【关闭】按钮，即可完成公式的分步检查操作，如图7-148所示。

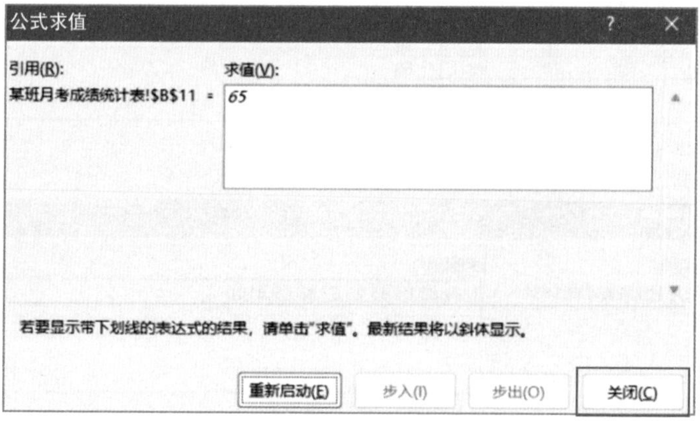

图 7-148

Chapter

08

第 8 章
PPT演示文稿的制作

优秀的演示文稿能让人眼前一亮，还能突出重点，
提高办公效率，本章将详细为用户介绍演示文稿相关的
操作，帮助用户轻松、快速掌握这方面的知识。

学习要点：★掌握演示文稿的基础操作

★学会设计与放映演示文稿

8.1 基础操作

在使用 PowerPoint 制作幻灯片之前，首先需要掌握演示文稿的基本操作，本节将详细介绍该部分内容。

8.1.1 创建演示文稿

新建演示文稿的操作步骤如下：

1 单击【■】按钮，在打开的开始菜单中单击【PowerPoint】图标，如图 8-1所示。

图 8-1

2 打开【PowerPoint】窗口，单击【新建】按钮，在右侧选择【空白演示文稿】，如图8-2所示。

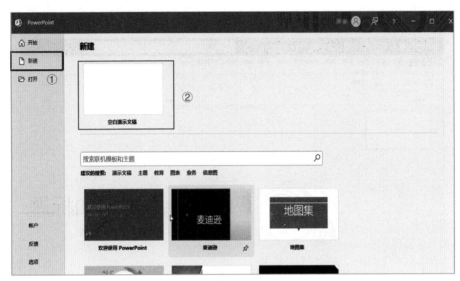

图 8-2

3 创建后的PowerPoint演示文稿如图8-3所示。

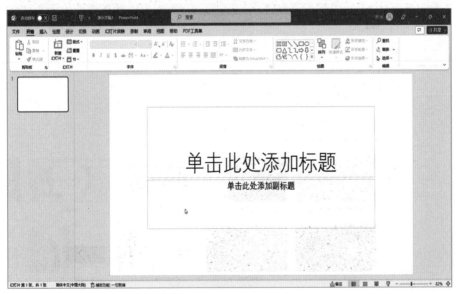

图 8-3

还有一种方法，操作步骤如下：

1. 打开一个PowerPoint演示文稿后,单击【文件】选项卡,如图8-4所示。
2. 在左侧窗格中选择【新建】按钮,单击右侧的【空白演示文稿】,如图8-5所示。

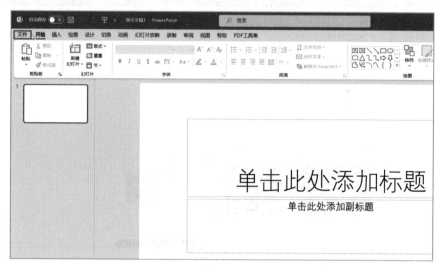

图 8-4

图 8-5

8.1.2　添加和删除幻灯片

添加幻灯片的操作步骤如下：

1　打开一个空白演示文稿，单击【开始】选项卡下【幻灯片】选项组中的
【新建幻灯片】按钮，在弹出的下拉列表中选择【标题和内容】选项，
如图8-6所示。

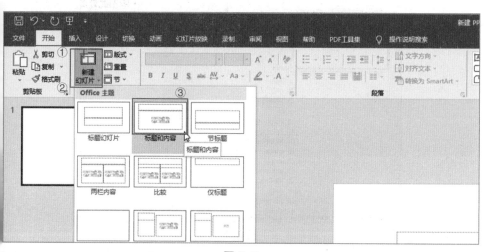

图 8-6

2　新建的幻灯片就出现在左侧，其左上角有【2】，如图8-7所示。

图 8-7

删除幻灯片的操作步骤如下：

1 选中第3张幻灯片，单击鼠标右键，在弹出的快捷菜单中选择【删除幻灯片】命令，如图8-8所示。

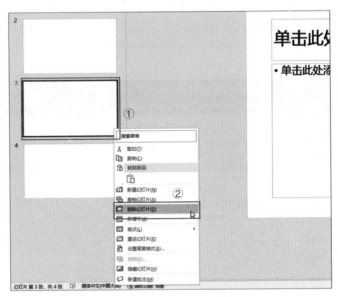

图 8-8

2 此时可以看到原来的第3张幻灯片已经删除，如图8-9所示。

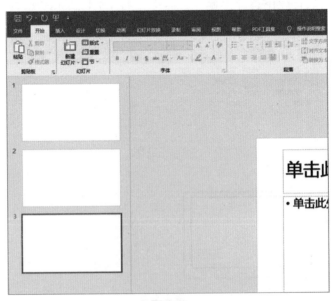

图 8-9

8.1.3 移动和复制幻灯片

移动幻灯片的操作步骤如下：

1 打开一个演示文稿，选中需要移动的幻灯片，此处选择第1张幻灯片，按住鼠标左键，将其拖至第3张幻灯片后面，如图8-10所示。

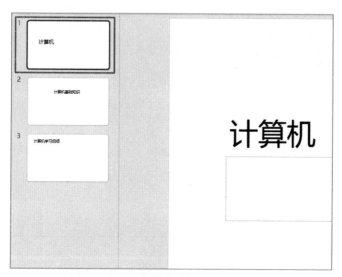

图 8-10

2 松开鼠标左键即可将第1张幻灯片移动到第3张幻灯片的位置，如图8-11所示。

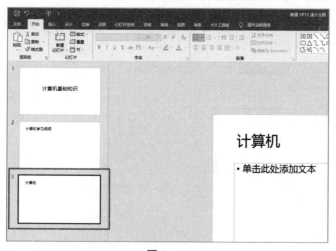

图 8-11

复制幻灯片的操作步骤如下：

1️⃣ 选中需要复制的第1张幻灯片，单击鼠标右键，在弹出的快捷菜单中选择【复制幻灯片】命令，如图8-12所示。

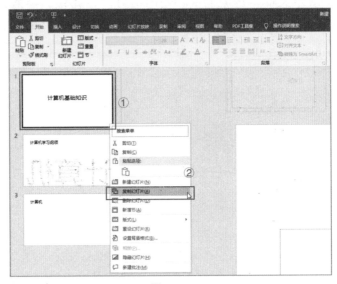

图 8-12

2️⃣ 即可在第1张幻灯片下方出现一个格式与内容与其相同的幻灯片，如图8-13所示。

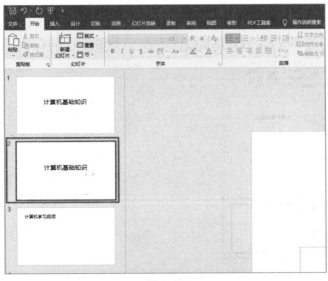

图 8-13

8.1.4 设置文本

1.输入文本

输入文本的操作步骤如下：

1 打开一个空白演示文稿，单击第一张幻灯片里面的"单击此处添加标题"文本框，如图8-14所示。

图 8-14

2 在该文本框中输入标题"时间管理"，效果如图8-15所示。

图 8-15

2.设置字体、字号和字体颜色

设置文本字体、字号和字体颜色的操作步骤如下：

1 打开一个演示文稿，选中第1张幻灯片的标题文本，单击【开始】选项卡下【字体】选项组中的【字体】右侧的下拉按钮，如图8-16所示。

图 8-16

2 在下拉列表中选择合适的字体，此处选择【微软雅黑】，如图8-17
所示。

图 8-17

③　效果如图8–18所示。

图 8–18

④　选中第1张幻灯片的标题文本，单击【开始】选项卡下【字体】选项组中的【字号】右侧的下拉按钮，在下拉列表中选择合适的字号，此处选择【32】，如图8–19所示。

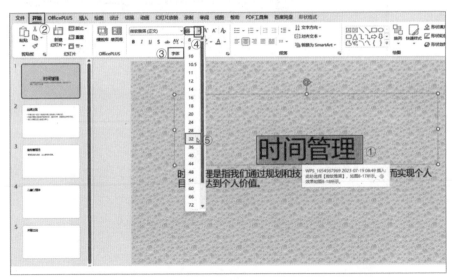

图 8–19

⑤　效果如图8–20所示。

图 8–20

6 选中第1张幻灯片的标题文本，单击【开始】选项卡下【字体】选项组中的【字体颜色】右侧的下拉按钮，在下拉列表中选择合适的颜色，此处选择【红色】，如图8-21所示。

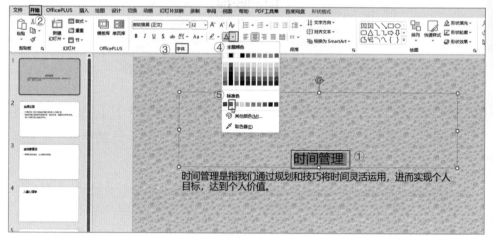

图 8-21

7 最终效果如图8-22所示。

图 8-22

3.设置字符间距

字符间距是指单个字符之间的距离，设置字符间距的操作步骤如下：

1 打开"会议内容"演示文稿，选中第2张幻灯片的标题文本，单击【开始】选项卡下【字体】选项组中右下角的功能扩展按钮，如图8-23所示。

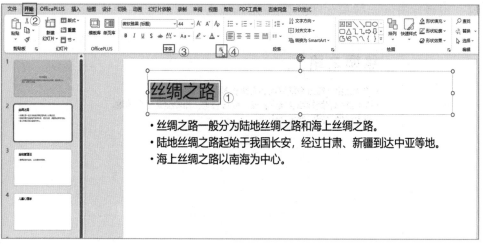

图 8-23

2 弹出【字体】对话框，切换到【字符间距】选项卡，在【间距】下拉列表中选择【加宽】选项，设置【度量值】为【10】磅，最后单击【确定】按钮，如图8-24所示。

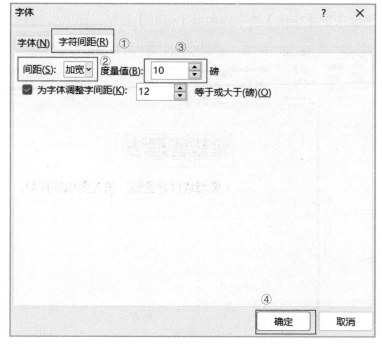

图 8-24

3 设置字符间距效果如图8-25所示。

丝绸之路

- 丝绸之路一般分为陆地丝绸之路和海上丝绸之路。
- 陆地丝绸之路起始于我国长安，经过甘肃、新疆到达中亚等地。
- 海上丝绸之路以南海为中心。

图 8-25

4.设置文本特殊效果

设置文本特殊效果是指为文本添加倾斜、加粗、阴影等效果，设置文本特殊效果的操作步骤如下：

1 打开"会议内容"演示文稿，选中第3张幻灯片的标题文本，单击【开始】选项卡下【字体】选项组中的【倾斜】按钮，如图8-26所示。

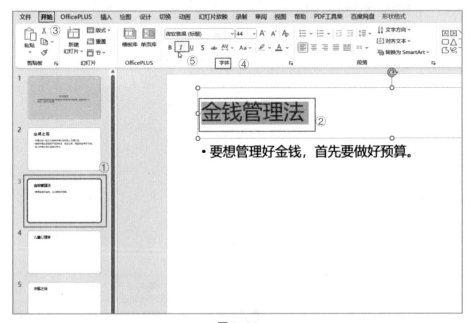

图 8-26

② 效果如图8-27所示。

图 8-27

③ 选中第3张幻灯片的标题文本，单击【开始】选项卡下【字体】选项组中的【加粗】按钮和【文字阴影】按钮，如图8-28所示。

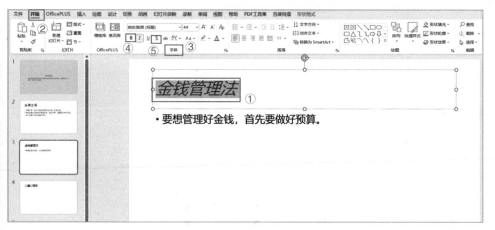

图 8-28

④ 效果如图8-29所示。

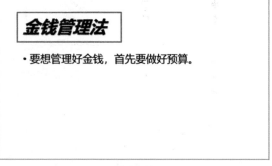

图 8-29

5.添加项目符号

添加项目符号可以使单调的文本内容变得更加生动，操作步骤如下：

1 打开"会议内容"演示文稿，选中第2张幻灯片中需要添加项目符号的文本内容，然后单击【开始】选项卡下【段落】选项组中的【项目符号】右侧的下拉按钮，如图8-30所示。

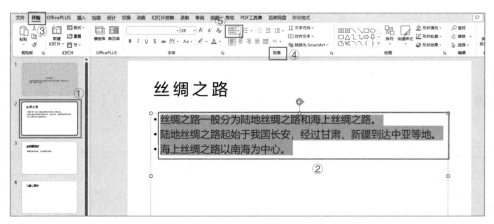

图 8-30

2 在下拉列表中选择合适的项目符号，此处选择【选中标记项目符号】选项，如图8-31所示。

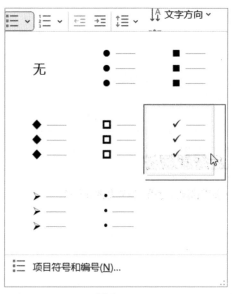

图 8-31

196

3 添加项目符号效果如图8-32所示。

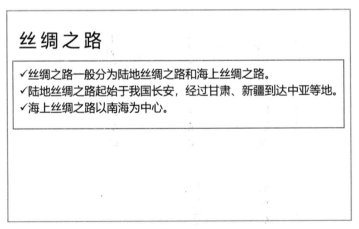

图 8-32

6.添加编号

为文本添加编号的操作步骤如下:

1 打开"会议内容"演示文稿,选中第4张幻灯片中需要添加编号的文本内容,单击【开始】选项卡中【段落】选项组中的【编号】右侧的下拉按钮,如图8-33所示。

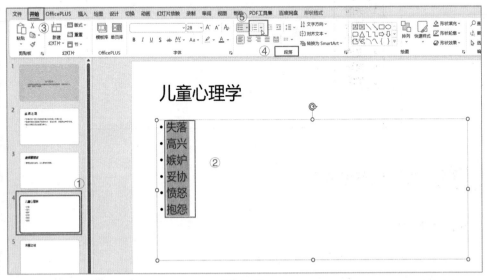

图 8-33

2　在下拉列表中选择【1.2.3.】选项，如图8-34所示。

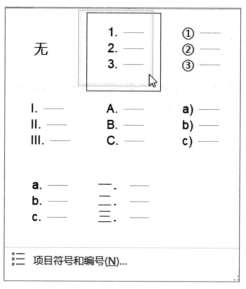

图 8-34

3　添加编号效果如图8-35所示。

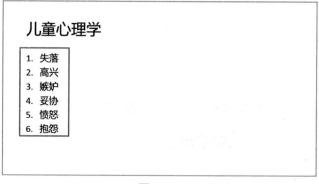

图 8-35

8.1.5　设置段落格式

1.设置对齐方式

　　为文本设置对齐方式的操作步骤如下：

　　段落对齐方式有左对齐、右对齐、居中、两端对齐和分散对齐等，可以根据实际需要，选择合适的对齐方式，设置对齐方式的操作步骤如下：

1 打开"会议内容"演示文稿，选中第4张幻灯片中需要设置对齐方式的文本，单击【开始】选项卡中【段落】选项组中的【右对齐】按钮，如图8-36所示。

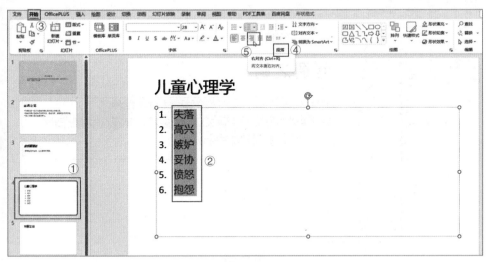

图 8-36

2 设置后的效果如图8-37所示。

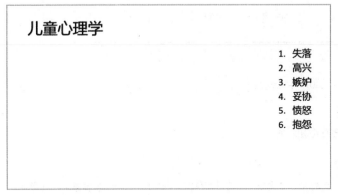

图 8-37

2.设置段落缩进

段落缩进是指段落中的行相对于文本框左边界或右边界的位置。段落缩进有文本之前缩进、首行缩进和悬挂缩进等，设置段落缩进的操作步骤如下：

1 打开"会议内容"演示文稿，选择第2张幻灯片中需要设置段落缩进的文本，单击【开始】选项卡下【段落】选项组右下角的功能扩展按钮，如图8-38所示。

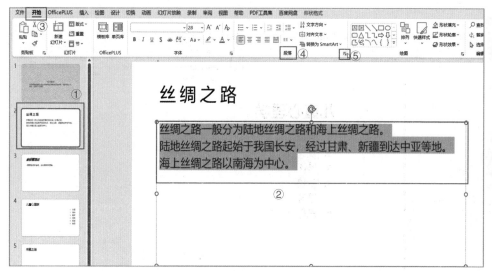

图 8-38

2 弹出【段落】对话框，在【缩进和间距】选项卡下的【缩进】区域中，单击【特殊】右侧的下拉按钮，在下拉列表中选择【首行】选项，【度量值】改为【2厘米】，单击【确定】按钮，如图8-39所示。

图 8-39

③ 设置首行缩进效果如图8-40所示。

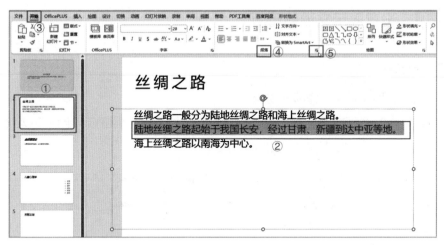

图 8-40

3.设置间距

段落间距有段前距、段后距和行距。段前距是指当前段落与上一段之间的距离，段后距是当前段落与下一段之间的距离，行距是指段内行与行之间的距离，设置间距的操作步骤如下：

① 打开"会议内容"演示文稿，选择第2张幻灯片中的第2个段落，单击【开始】选项卡下【段落】选项组右下角的功能扩展按钮，如图8-41所示。

图 8-41

② 弹出【段落】对话框，在【缩进和间距】选项卡下的【间距】区域中，设置【段前】为【20磅】，设置【段后】为【10磅】，单击【行距】右侧的下拉按钮，在下拉列表中选择【2倍行距】选项，单击【确定】按钮，如图8-42所示。

图 8-42

3 设置段落间距效果如图8-43所示。

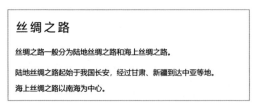

图 8-43

8.1.6 设置演示文稿的母版

1.母版的结构

查看母版结构的操作步骤如下:

1 打开一个空白演示文稿,单击【视图】选项卡下【母版视图】选项组中的【幻灯片母版】按钮,如图8-44所示。

图 8-44

2. 打开幻灯片母版视图，幻灯片母版视图包括左侧的幻灯片窗格和右侧的幻灯片母版编辑区域，幻灯片母版编辑区域又包括标题、文本框、页眉和页脚，如图8-45所示。

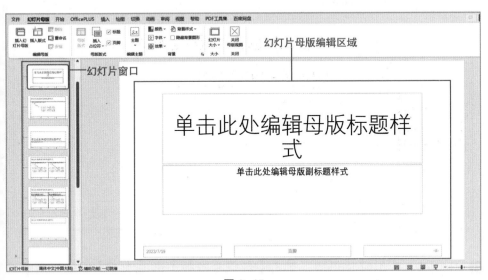

图 8-45

2.插入母版和版式

插入母版和版式的操作步骤如下：

1. 打开一个空白演示文稿，进入【幻灯片母版】视选项卡，单击【编辑母版】选项组中的【插入幻灯片母版】按钮，如图8-46所示。

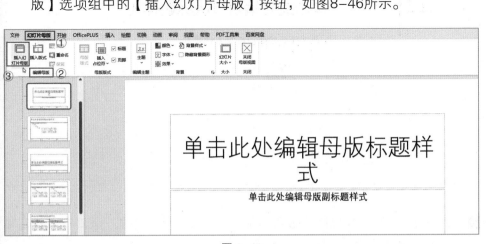

图 8-46

2 可以看到添加了新的空白母版，并自动编号为【2】，如图8-47所示。

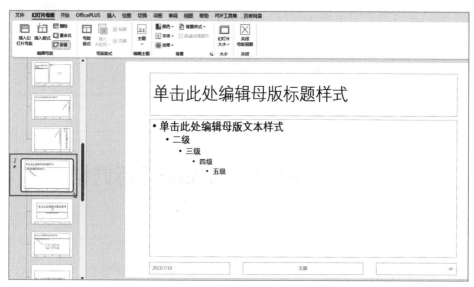

图 8-47

3 选中第1个幻灯片母版，单击【幻灯片母版】选项卡下【编辑母版】选项组中的【插入版式】按钮，如图8-48所示。

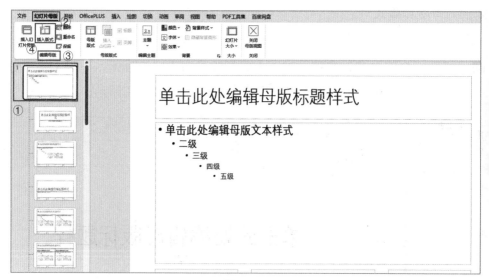

图 8-48

4 此时第1个幻灯片母版的最后添加了一个【自定义版式　版式】版式，如图8-49所示。

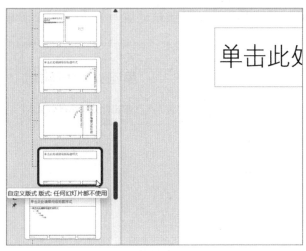

图 8-49

3.复制母版和版式

　　复制母版和版式，可以生成一个和原来的母版一模一样的新母版和版式，
操作步骤如下：

1　打开一个空白演示文稿，在第1个幻灯片母版上单击鼠标右键，在弹出
　　的快捷菜单中选择【复制幻灯片母版】命令，如图8-50所示。

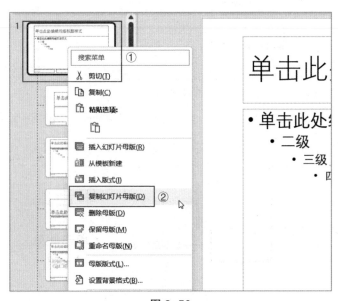

图 8-50

2 可以看到复制生成的幻灯片母版自动编号为【2】，如图8-51所示。

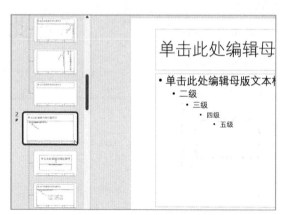

图 8-51

3 选中母版中某个需要进行复制的版式，单击鼠标右键，在弹出的快捷菜
单中选择【复制版式】命令，如图8-52所示。

图 8-52

4 可以看到在该版式下生成了一个一模一样的版式，如图8-53所示。

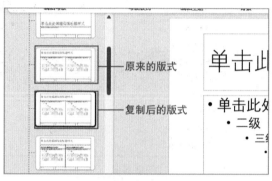

图 8-53

也可以在选中某个版式后，按【Ctrl+C】组合键复制，然后把鼠标指针移至要粘贴版式的位置，按【Ctrl+V】组合键粘贴即可。

4.重命名母版或版式

如果演示文稿中的母版或版式过多，不好区分和调用相应的母版或版式，便可以对其进行重命名，操作步骤如下：

1. 打开一个空白演示文稿，选中第1个幻灯片母版，单击鼠标右键，在弹出的快捷菜单中选择【重命名母版】命令，如图8-54所示。

图 8-54

2. 弹出【重命名版式】对话框，在【版式名称】文本框中输入合适的名称，此处输入"会议内容"，最后单击【重命名】按钮，如图8-55所示。

图 8-55

③ 把鼠标指针移到第1个幻灯片母版上，可以看到该母版重命名后的名称，如图8-56所示。

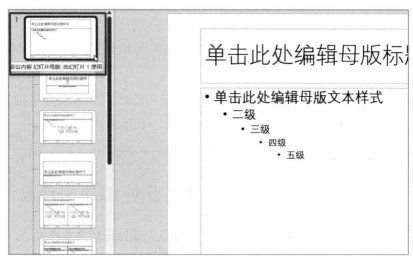

图 8-56

④ 选中母版中某个需要改名的版式，单击【幻灯片母版】选项卡下的【编辑母版】选项组中的【重命名】按钮，如图8-57所示。

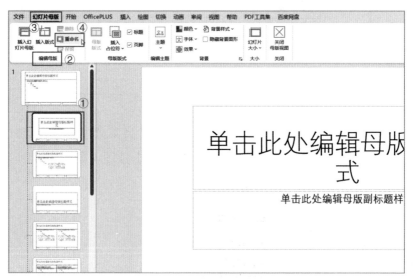

图 8-57

⑤ 弹出【重命名版式】对话框，在【版式名称】文本框中输入合适的名称，此处输入"第一节"，最后单击【重命名】按钮，如图8-58所示。

图 8-58

6 把鼠标指针放在改名的板式上，可以看到该板式重命名后的名称，如图 8-59所示。

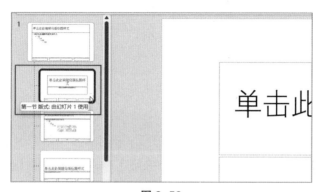

图 8-59

7 单击【幻灯片母版】选项卡下【关闭】选项组中的【关闭母版视图】按钮，就能关闭母版，返回普通视图，如图8-60所示。

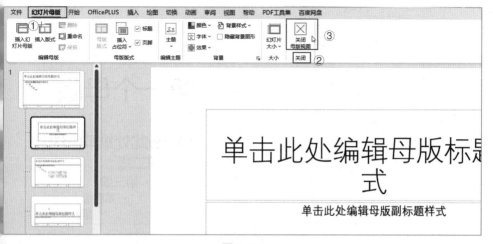

图 8-60

⑧ 返回普通视图后，在【开始】选项卡下【幻灯片】选项组中单击【新建幻灯片】下拉按钮，在下拉列表中就能看到幻灯片母版名称为"会议内容"，标题幻灯片的版式名称为"第一节"，如图8-61所示。

图 8-61

5.删除母版或版式

如果不需要某个幻灯片母版或版式（至少有两个母版），可以将其删除，操作步骤如下：

① 打开一个演示文稿，里面有两个母版，选中第1个幻灯片母版，即左上角有【1】的编号，单击【幻灯片母版】选项卡下【编辑母版】选项组中的【删除】按钮，如图8-62所示。

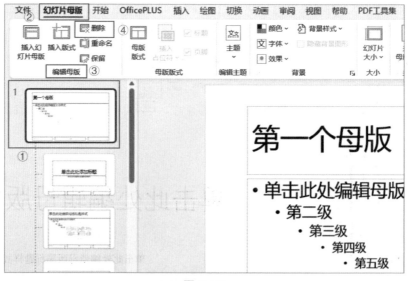

图 8-62

2 可以看到第1个幻灯片母版已被删除，第2个幻灯片母版的编号由【2】
变成了【1】，如图8-63所示。

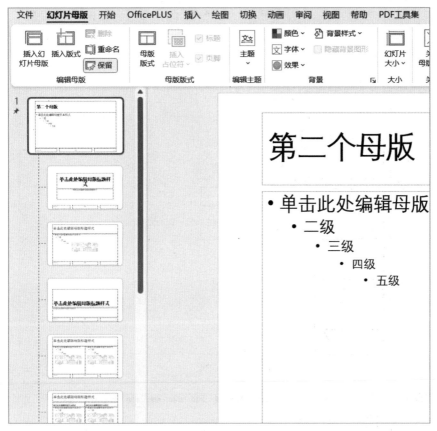

图 8-63

3 如果母版中的版式过多，只需要使用第一个版式，可以先选中一个不需
要的板式，按住【Ctrl】键，再选中其他不需要的版式，单击【幻灯片
母版】选项卡下【编辑母版】选项组中的【删除】按钮，或者单击鼠标
右键选择快捷菜单中的【删除版式】命令，此处使用单击鼠标右键的方
式操作，如图8-64所示。

4 关闭母版视图，返回普通视图，在【开始】选项卡下的【幻灯片】选项
组中，单击【新建幻灯片】下拉按钮，在下拉列表中可以看到保留的母
版版式，如图8-65所示。

图 8-64

图 8-65

6.设计母版封面版式

幻灯片母版版式设计一般包括封面页、目录页、过渡页、内容页和封底页这五种页面的版式设计。其中封面页的版式设计比较繁琐，此处详细介绍该知识，操作步骤如下：

1 打开一个空白演示文稿，进入幻灯片母版视图，在左侧幻灯片窗格中选择母版中的一个版式，此处选择【标题幻灯片】版式，然后单击【幻灯片母版】选项卡下【背景】选项组中的【背景样式】下拉按钮，如图8-66所示。

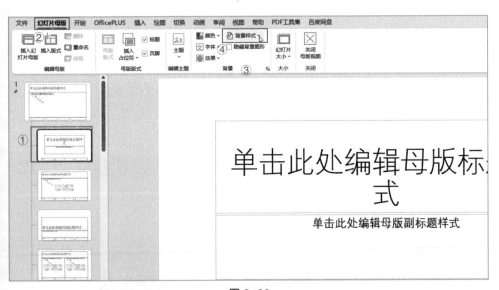

图 8-66

2 在下拉列表中选择一种合适的样式，此处选择【样式6】，如图8-67所示。

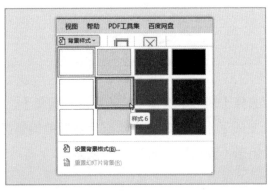

图 8-67

3 效果如图8-68所示。

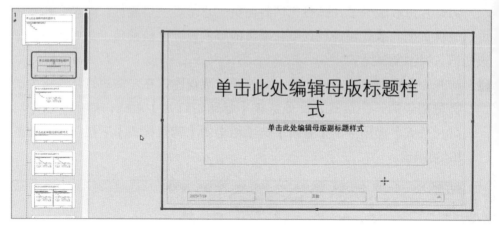

图 8-68

4 切换到【插入】选项卡，单击【插图】选项组中的【形状】下拉按钮，如图8-69所示。

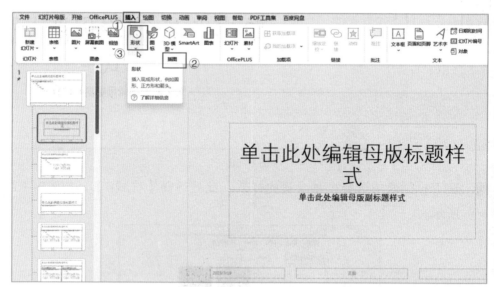

图 8-69

5 在下拉列表中选择【矩形】选项中的【矩形：圆角】，如图8-70所示。

6 此时鼠标指针变成了十字形状，在幻灯片母版的编辑区域绘制一个与幻灯片等宽的"矩形：圆角"，如图8-71所示。

图 8-70

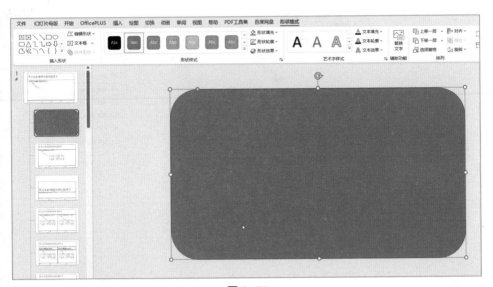

图 8-71

7 选中绘制的"矩形：圆角"，在【形状格式】选项卡下的【形状样式】选项组中，设置【形状填充】为【白色】，设置【形状轮廓】为【无轮廓】，如图8-72所示。

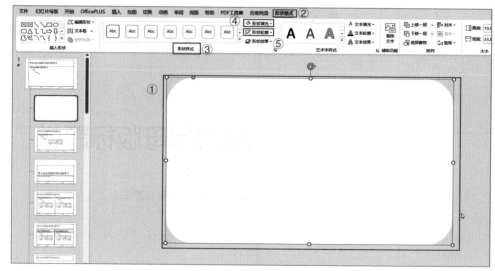

图 8-72

8. 在【形状格式】选项卡下的【排列】选项组中，单击【对齐】下拉按钮，在下拉列表中选择【垂直居中】选项，如图8-73所示。

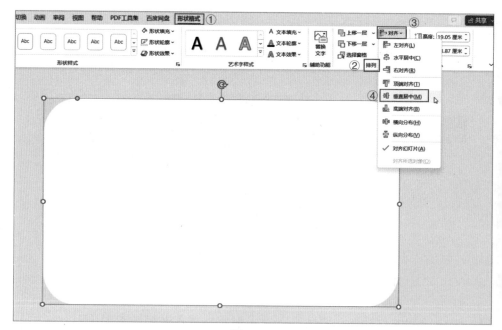

图 8-73

9. 切换到【插入】选项卡，单击【图像】选项组中的【图片】按钮，如图8-74所示。

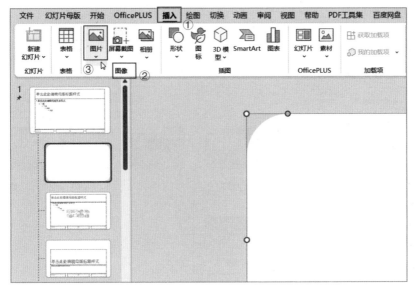

图 8-74

🔟 在弹出的下拉列表中选择图片的来源，此处选择【此设备】，如图8-75
所示。

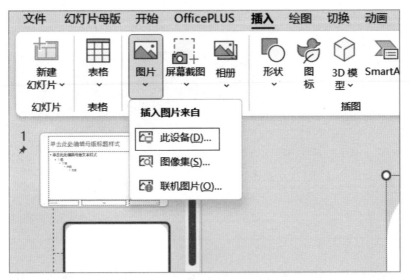

图 8-75

⓫ 弹出【插入图片】对话框，找到图片所在位置，此处选择【桌面】中的
【蓝天】，最后单击【插入】按钮，如图8-76所示。

⓬ 此时，幻灯片中插入了图片，根据需要调整图片的大小，效果如图8-77

217

所示。

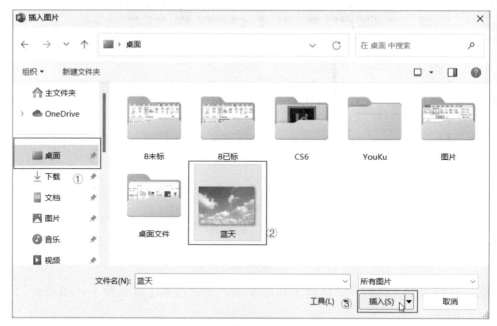

图 8-76

图 8-77

⓭ 此时母版中的占位符被插入的图片和形状覆盖，先选中图片，按住
【Ctrl】键选中图片后面的矩形，在【图片格式】选项卡下，单击【排
列】选项组中的【下移一层】下拉按钮，在下拉列表中选择【置于底层】
选项，如图8-78所示。

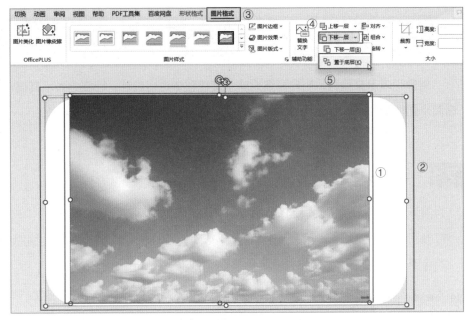

图 8-78

14　调整占位符的大小、位置和占位符中文字的格式即可，最终效果如图
　　8-79所示。

图 8-79

实用贴士

　　在普通视图中，幻灯片中的"单击此处添加标题"或"单击
此处添加文本"等文本框被称为"文本占位符"，用户可以在文本
占位符中输入想要的文字。

8.2 设计与放映

创建完演示文稿后，用户需要对演示文稿整体进行设计，让整个演示文稿看起来更加美观。

8.2.1 设计主题

为演示文稿设计主题的操作步骤如下：

1. 打开"会议内容"演示文稿，单击【设计】选项卡下【主题】选项组中的【其他】按钮，如图8-80所示。

图 8-80

2. 在展开的主题库中选择合适的主题样式，此处选择【肥皂】选项，如图8-81所示。

3. 设置主题后的效果如图8-82所示。

图 8-81

图 8-82

8.2.2　设计背景

为演示文稿设计背景的操作步骤如下：

1. 打开"会议内容"演示文稿，选中要设计背景的幻灯片，此处选择第1张幻灯片，单击【设计】选项卡下【自定义】选项组中的【设置背景格式】按钮，如图8-83所示。

图 8-83

2 在演示文稿的右侧弹出【设置背景格式】任务窗格，在【填充】选项组中单击【图片或纹理填充】单选按钮，单击【纹理】右侧的下拉按钮，如图8-84所示。

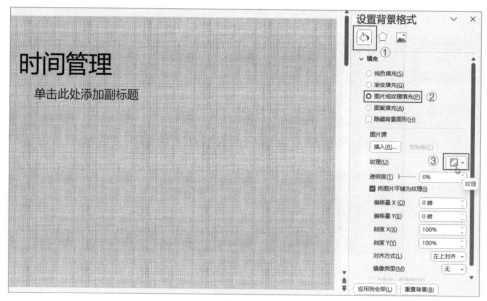

图 8-84

3 在弹出的列表中选择合适的选项，此处选择【水滴】选项，如图8-85所示。

图 8-85

4　第1张幻灯片应用纹理样式的效果如图8-86所示。

图 8-86

8.2.3　设计进入动画

进入动画是对象从无到有，逐渐出现在幻灯片中的一种方式，为演示文稿设置进入动画的操作步骤如下：

1 打开"会议内容"演示文稿，选择第1张幻灯片，选中标题文本框，单击【动画】选项卡下【动画】选项组中【其他】按钮，如图8-87所示。

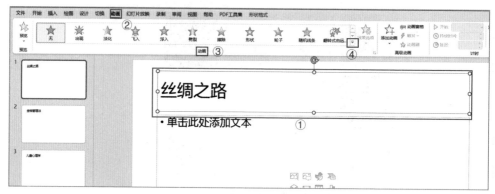

图 8-87

2 在展开的列表中选择【进入】区域中的一个选项，此处选择【劈裂】，如图8-88所示。

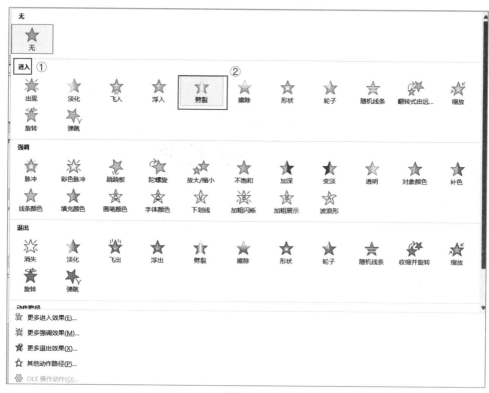

图 8-88

3 单击【动画】选项卡下【计时】选项组中的【开始】右侧的下拉按钮，在下拉列表中选择【上一动画之后】选项，如图8-89所示。

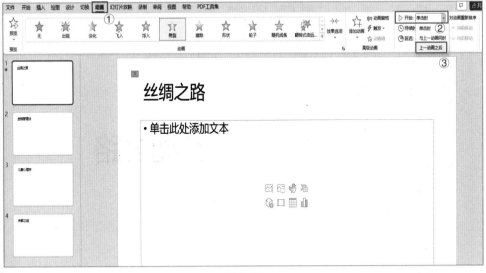

图 8-89

4 在【计时】选项组中单击【持续时间】右侧的微调按钮，设置动画播放的持续时间为2秒，如图8-90所示。

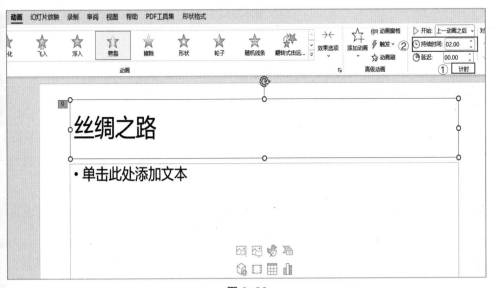

图 8-90

5 单击【动画】选项卡下【预览】选项组中的【预览】按钮，即可预览添加的动画效果，如图8-91所示。

图 8-91

8.2.4 设计切换效果

切换效果可以实现两张相邻幻灯片之间的动态衔接。演示文稿的切换效果有细微、华丽和动态内容三种类型，每种类型下还有多种切换效果。为幻灯片添加切换效果的操作步骤如下：

1 打开"会议内容"演示文稿，选中第1张幻灯片，单击【切换】选项卡下【切换到此幻灯片】选项组中的【其他】按钮，如图8-92所示。

2 在展开的列表中选择一种合适的效果，此处选择【细微】组中的【分割】，如图8-93所示。

图 8-92

图 8-93

3 可以看到第1张幻灯片会以分割的形式展示，如图8-94所示。

零基础五笔打字+电脑办公 从入门到精通

图 8-94

4　单击【切换到此幻灯片】选项组中的【效果选项】下拉按钮，在下拉列
　　表中选择【上下向中央收缩】选项，如图8-95所示。

5　效果如图8-96所示。

图 8-95

图 8-96

228

8.2.5 放映幻灯片

放映幻灯片既可以从头开始放映，也可以从当前幻灯片开始放映。除此之外，用户还可以自定义放映方式。从头开始放映是指无论当前选中了第几张幻灯片，在放映时都会从第 1 张幻灯片开始；而从当前幻灯片开始放映是指从当前选中的幻灯片开始放映。

1.从头开始放映

从头开始放映的操作步骤如下：

打开"会议内容"演示文稿，单击【幻灯片放映】选项卡下【开始放映幻灯片】选项组下合适的放映方式，此处选择【从头开始】，如图 8-97 所示。

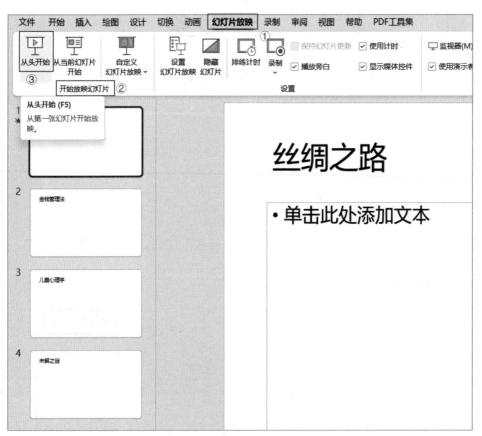

图 8-97

从当前幻灯片开始放映的操作方法与从头开始放映的操作方法类似，这里就不再赘述。

2.自定义放映方式

自定义放映方式的操作步骤如下：

1 打开"会议内容"演示文稿，单击【幻灯片放映】选项卡下【开始放映幻灯片】选项组中的【自定义幻灯片放映】下拉按钮，在下拉列表中选择【自定义放映】选项，如图8-98所示。

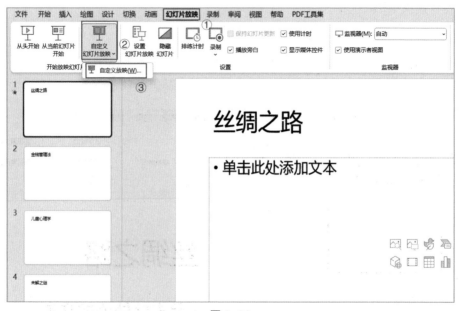

图 8-98

2 弹出【自定义放映】对话框，单击【新建】按钮，如图8-99所示。

图 8-99

3 弹出【定义自定义放映】对话框，在【幻灯片放映名称】文本框中输入名称，在左侧列表框中选择需要放映的幻灯片，单击【添加】按钮，如图8-100所示。

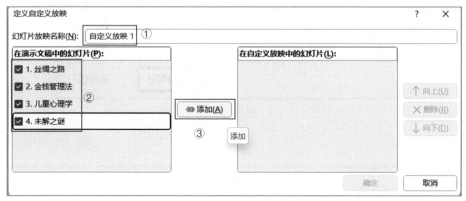

图 8-100

4 即可将幻灯片添加到右侧列表框中，如果需要调整幻灯片的顺序，可单击【向上】【向下】按钮，最后单击【确定】按钮，如图8-101所示。

图 8-101

5 返回【自定义放映】对话框，单击【放映】按钮，即可按照自定义的放映方式放映幻灯片，如图8-102所示。

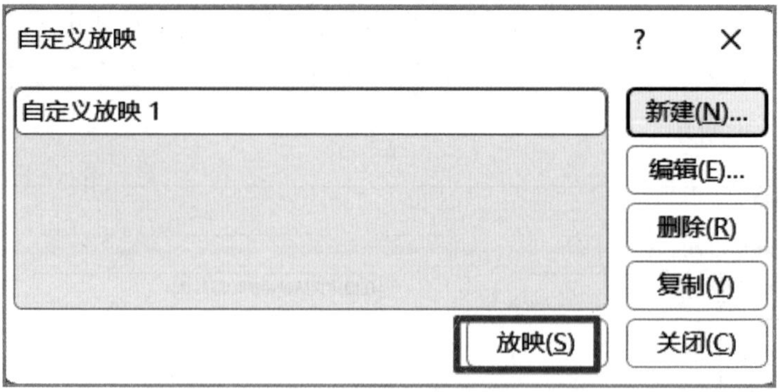

自定义放映

? ✕

自定义放映 1

新建(N)...

编辑(E)...

删除(R)

复制(Y)

放映(S)

关闭(C)

图 8-102

实用贴士

　　用于演示文稿的格式有很多种，除了常用的 PPTX，还能将演示文稿导出为 XPS 或 PDF 文档。